EDITING BY DESIGN

依照惯例来说，本页应当留白，不过我说服了编辑允许我利用这一页空间，展示多页出版物的几个基本特征：

1）黑色的长条从左到右、从正面到反面延伸，在书页中贯穿始终。
见"空间"一章。

2）整本书被串联成一个整体，黑色长条就是第一环。
见"列队"一章。

3）长条位于页面顶端，因为这是吸引读者目光的位置。
见"多页面媒体"一章。

4）它出现在每个章节开头，成了清晰可辨的路标。
见"标记"一章。

5）它一直延伸到页面右上角出血区域，长条内的标题尽量靠近页边，帮助读者在快速翻页时迅速找到想看的内容。
见"边距"一章。

所有这些要素既是设计决策，也是编辑决策：
怎样拆解素材（编辑）；
怎样判断内容的分割（设计）；
怎样将它们集合起来，利用媒介特性，最生动有效地彰显内容的思想内涵（产品制作）。
故本书得名：《编辑设计》。

设计新经典

国际艺术与设计学院
名师精品课

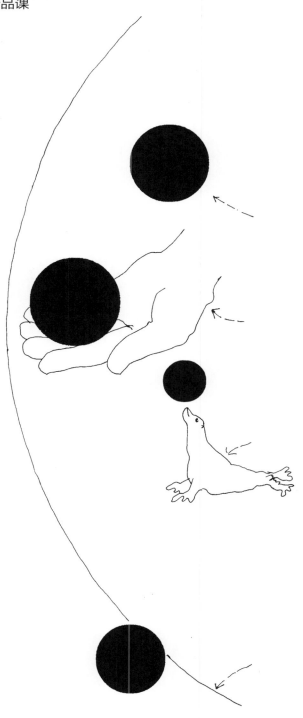

Editing by Design

编辑设计

[美]詹·V. 怀特　著

应宁 译

上海人民美術出版社

目录

献给我的孙儿女们（按出场顺序排列）

摩根·杰西卡·怀特

考特尼·亚历山德拉·怀特

亚历山德拉·布兰戴斯·怀特

艾玛·波兰德·怀特

安德鲁·马龙·怀特

莱斯·奥尼尔·怀特

当你在学术研讨会上面对一群编辑、记者、艺术总监、设计师、出版商——总之就是相关行业人士——高谈阔论的时候，你不得不去观察、分析、宣扬一些对他们的实际工作多少有点意义的绳尺规矩。由此说来，这本大部头的著者，我的每个客户都有份：是他们促使我为他们探究问题的答案，若是没有这种挑战，就不可能整理出这么多观察总结、经验之谈、观点、教训和建议。这些都是我的个人心得吗？既是，也不是，它们全都来自实践经历。都经得起检验吗？不一定，我们这个行业生产的东西总是千变万化（所以才那么有趣），但背后不变的定量是，通过开拓研究"做法"，来实现"所做"的最大价值（正是本书之意）。

关于书中的插图：从第 15 页开始出现的踏着步子的小卫兵是由波兰画家托波尔斯基（Feliks Topolski）创作的；[1] 第 177 页马背上的男士、第 181 页的犀牛来自丢勒（Albrecht Dürer）的版画；第 190 页的柱子和甜甜圈由建筑师威廉·沃特·透纳（William Wirt Turner）绘制；[2] 第 114 页的魔鬼和 162 页的断腿插画来自法国版画家古斯塔夫·多雷（Gustav Doré）为但丁的《神曲》所作的插图。第 151、152、153、158、159、162、181、183 页上是艾缪·怀斯（Emil Weiss）[3] 的作品。后页的木版画是从中世纪作品中搜集的。关于第 228 页上的蒙娜丽莎我得向达·芬奇（Leonardo da Vinci）致歉。其他部分是我自己潦草的涂涂画画，还望见谅。

我要感谢 Allworth 出版社的编辑尼可·波特（Nicole Potter）和利兹·凡·胡斯（Liz Van Hoose），本书从构思开始，到写作、设计、插图、排版、汇编，若只有一人唱独角戏是很寂寞的，你需要一个伙伴帮你把握大局，把你从自己的眼界中解放出来。他们甚至在第 218 页黄色方块上的小字旁边注释道："我看不清。"对此我爱莫能助，因为这段字本来就不应该看得清，它是个反例。

如果没有克莱尔对我的直言和激励，我恐怕不会有这股激情来写这部夸夸其谈的作品，这个任务始终都让人望而生畏。当然我怎么会忘了感谢怀特家庭的其他人呢，他们在我其他作品的致谢中也出现过：托比和卡罗林，亚历克斯、莉莉安和博拉，格雷格和达娜，克里斯多夫和宾利。感谢你们的存在。

---

1 *The London Spectacle*, 1935, The Bodley Head, London
2 *Shades and Shadows*, Ronald Press, New York, 1952
3 译注：即作者父亲。

出版行业的先驱

这几组 16、17 世纪的版画展示了不同职能的工人合作完成一本印刷作品的情形。

最上方的那位是作家（在家工作）；
随后是铸字师；
地图绘制师；
负责为图稿上色描金的彩饰师（他手里拿的是镂空模板，不是鼠标）；
学徒；
组织生产的管理者；
艺术总监；
版画家；
以及印刷商外聘的运输人员。
左图中是编辑。
图中没有出现的是：
我们的客户——
读者。

下面这幅自我感觉良好的作家的漫画，让我回想起了在出版业工作的第一年。这是时代公司内部通讯《望知悉》里一篇文章的插图。打字机、揉成一团的纸、满出来的废纸篓、雪茄烟、翘在桌上的二郎腿、最新发明的人体工学椅……

在过去 50 年间，出版业并没有发生多大变化——或者说近 400 年也没什么变化。也许有，技术、雄性比例，还有对肺癌的恐惧。[1] 接着就出现了透明胶带、字母转印纸、复印机、胶印和油墨转移技术……还有苹果电脑！尽管技术与日俱新地创造着奇迹，残余的糟粕似乎仍无法改变，那就是将编辑与设计师两者对立的老观念，至今还在误导众人。我们能做什么？就是要细心地建立起沟通的桥梁，使各人的品位喜好和平共存，以专业的态度感激彼此为共同事业做出的努力。

作为"编辑"或"设计师"，让我们从自己唯一能控制的事情做起，成熟起来。不要再固守着自己"文字"或"图像"的区区疆土，抵抗子虚乌有的入侵者，而是认识到两者之间相辅相成、不可偏废的关系。

如果我们想要抓住观众的目光，留住他们的兴趣，为他们带来价值，缔造具有"忠诚度"的品牌（没错这是个热门词，然而在竞争如此激烈的今天

---

1 译注：因 20 世纪 50 年代美国出版从业者多为男性，且吸烟成风，故有此说。

是多么贴切而关键），我们就必须将印刷产品的几个对立面结合起来。

实体 与 思想
形式 与 内容
设计 与 新闻精神
制造产品 与 讲述故事

制造产品是将出版物看作待售的物件，考虑到它的整体特征、吸引力以及个性。

讲述故事则是在这个待售物件的语境下传递某种特定信息的技巧。

首先必须引诱漫不经心翻看书页的读者，向他们炫耀书中的材料与他们的兴趣是多么相关。随后必须引领他们阅读，于是我们不得不理解和挖掘媒介的实体特性和观者心理。所以本书每一章节开头都有一小段提示文字，交代了**制造产品**和**讲述故事**在这一章里如何相互关联。它们之间是有交集的（或许还有相互矛盾之处），某些要素在不同子题中各有所指，从而覆盖整个话题的方方面面。本书可分为四大块：

1. 媒介的物理特性及其对产品的影响。（"多页面媒体"一章，第 3 页起）

2. 如何吸引读者。（"刺激"一章，第 9 页起）

3. 空间，占本书大部分内容。（第 15 页起）

4. 作为以纸为媒的传播者，我们时常困扰、担忧的实际问题。（"附录（问答）"一章，第 237 页起；也可以利用术语表和索引答疑解惑）

编辑？
（设计师？）

设计师？
（编辑？）

警告及免责声明：传播行业的任何工作都没有所谓的"正确道路"可循，全靠分析和判断。书中没有一句话标榜自己是"真理"或"唯一方法"，它们只是我花了一辈子的时间努力探究哪些基本技巧可以适用于编辑／设计团队的一些心得。

讲述故事 | 这是个真实的故事，它说明了一个人的常识和固有思维模式之间会产生什么
冲突。几年前，一家非常大的公司让我给他们的技术文档提出改进方案，有
一部分数量极为庞大，那就是现场工作使用的手册。这些手册又厚又重，技
术员希望能够把它们缩小，并且能夹到写字板上去。

下面是讨论过程：

纸张用什么收集固定？
写字板上面的夹子。

要怎么翻页查找？
从下往上翻。

技术员需要快速找到什么信息？
页面上的材料标题。

标题在哪儿？
在页眉上，被夹住的地方。

那你能看见么？
不能，那里被夹住了。所以技术员要用页脚上字号很小的
页码去查找。

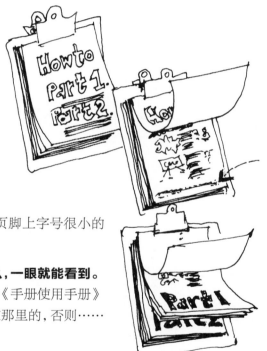

太荒唐了！把标题移到页脚不是更合理么，一眼就能看到。
是啊，但是我们不能这么做，因为我们的《手册使用手册》
里规定了"标题应当位于页眉"，一般都是放在那里的，否则……

经验教训：**不要帮人做咨询。**

制造产品 | **实体物件和使用者。**

他们怎么拿手册？

他们看见了什么？

他们往哪儿看？

接下来他们怎么做？

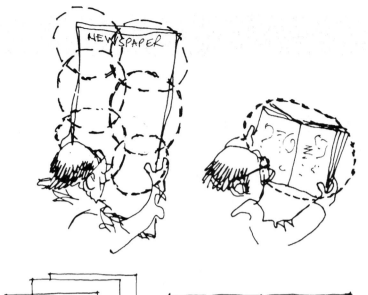

页面大小影响了读者观看的内容，决定了他们要"看几次"。一张大报需要分好几次才能看全，而杂志的幅面一次就能看全，因为在正常阅读距离下，我们视力的余光可以将其尽收眼底。手持阅读的距离也会影响我们放在页面上的图文的尺寸。但无论我们的书页或电脑屏幕是什么尺寸，它们都是一个微缩的世界。

 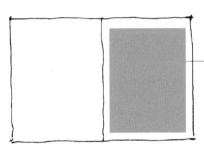

单页并不是一个独立的单位，好像那种老式的带抬头的信笺纸（或者单页广告）似的，尽管我们常常把它看成单个的作品。它传递给信息接收者的感受是，它只是一个跨页中的一半——跨页则是产品的主要形态。

跨页不是扁平的，不像挂在墙上的绘画，也不像电脑屏幕上的图像。要警惕这些虚假的扁平感，这是个陷阱。（只有一种情况下它是平的，就是把它贴在硬纸板上参选设计比赛的时候。）

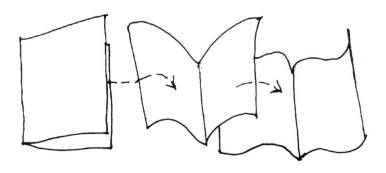

跨页分为两半，不管我们多么希望它们是不间断的，甚至假想那条中缝是不存在的，事实都并非如此。书页是沿当中对折的，制作材料松软而易于弯曲——尤其在纸价不断攀升后，书页就变得更纤、更薄、更软了。

封面上的东西会引起人们的好奇。 潜在读者一定得拿起来才能发现其中更多的奥妙。他们会浏览一下目录，随后前后翻阅找到内容，其间也会出现别的元素诱导他们。有些读者喜欢快速地翻阅全书，寻找自己感兴趣的内容。不管怎样，亲手接触书页的物理过程总是和人们看到书页内容后的反应结合在一起。

作为物件，书是软的、折起来的、装订成册的、三维立体的。它由书脊部分固定，因此靠书脊内侧的内容是隐藏着的，只有翻阅者决定把书全部摊开之后才能看到整个跨页。促使他们做决定的，是他们在外侧书页上看到的内容。

把精华内容放在浏览者看得见的地方，比如页面外侧，这样就不易错过。外侧应当放最夺人眼球的图片、最具煽动性的文字，因为那里是目光聚集之处。千万别把大标题藏在中缝旁边。

一张跨页上的黄金地段，就是左上角和右上角，人们看得最多的就是这两个地方。

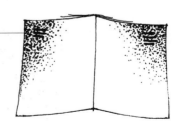

一张跨页上最不重要的部分，就是靠近中缝处的页脚。谁会去看那里啊？这就是脚注为什么叫"脚注"的原因，它们总是被塞在下面。

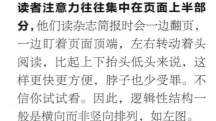

读者注意力往往集中在页面上半部分，他们读杂志简报时会一边翻页，一边盯着页面顶端，左右转动着头阅读，比起上下抬头低头来说，这样更快更方便，脖子也少受罪。不信你试试看。因此，逻辑性结构一般是横向而非竖向排列，如左图。

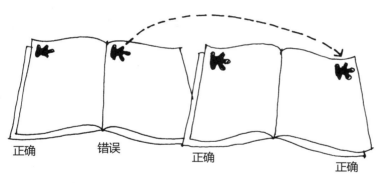

页面的逻辑性结构响应了人们观看产品的方式。把你的选项菜单放在页面上端，横向跨页排列，可以帮助快速浏览的读者决定要细看哪个内容。不必为了"整饬"而非要把每一栏文字的底部对齐，就让它们自然悬挂着，没人会看下面的内容（即使看到了也不会在意对齐的问题）。

正确　　　错误　　　　正确　　　　　正确

左右两页布局应当有所区别，最大程度利用读者目光可能捕捉到的区域。把标识放在左页的左上角是比较合理的，或者单张页面的左上角（你浏览电脑屏幕的方式正如阅读单页）；但是如果在右页上也放到左上角，就会藏在中间。应当把它完全拿出来放到右侧才更显眼，发挥它标记的功能。

买我！

广告商喜欢右页。原因是，人在拿着一本杂志翻页时，一般都将注意力集中在右页，因为左手需要端着书，右手则控制翻页，于是右页总是稳稳捏在手里，左页总是哗哗地翻书不止。另外，杂志平摊在桌上时，较厚的一半会保持平整，较薄的一半——前面几页——会卷曲起来；过了最中间的跨页后则反之，左边保持平整，右边几页逐渐卷曲。

左页最适合作编辑的区域。广告商对右页的偏爱直接影响到了我们的编辑策略：我们可以利用被他们抛弃的左页，把最有价值的内容放在最左侧，标题的第一个单词和夺人眼球的图片会勾住读者的目光。

要有节奏地排列页面从而使读者有所预期，节奏的积累也使设计张弛有度。只要我们的内容全在左页，或者全在右页，这种一致性比起左右两页的各自利弊来说就更为重要。如果允许广告商指定位置，广告页面就会随处安插，最终弱化整个产品，因为它的节奏被打乱了。

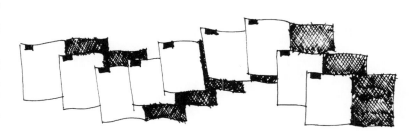

读者不喜欢跳转到书后面的某页才能读完一篇文章，这样会打断思考，扰乱注意力。如果一篇文章要做个山羊跳才能看完，于其本身也是有害无益。（更糟糕的情况是，页码总是印得那么小，遇到广告页还经常省略。）既然我们明知会惹读者生气，为什么还要那么做呢？

由上至下，不要由下往上。页面顶部内容需要控制好，让它们成为视觉链条的一部分。排版时不要一开始就把最后的文字放到底部，反过来往上排，使顶部内容受制而任意排列。正确的做法是，控制好顶部内容，底部内容可以顺其自然地排版。

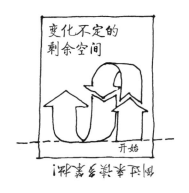

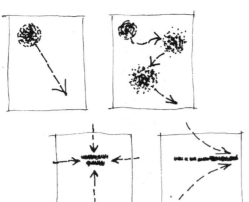

在一张单页上，阅读者从左上角开始，目光以斜线方向往下扫描，除非有什么东西转移了他的注意力。设计师正是通过在平淡无奇的背景中放置各种元素，才能进行背景的掌控。

 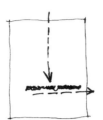  

一行字如何影响页面空间

居中，完全平衡，文字静卧纸上，仿佛托盘上的一枚珠宝，端端正正，纹丝不动。

单行文字，不居中对齐，由左向右的阅读方向促使目光移到右侧边缘，继而翻页。

促使目光往下移动。比起顶端的文字，下方文字向右牵引目光的力量更大。

将文字放在每一页的顶端，指引目光向上，随后向右移动。

文字置于页脚，目光被牵引到最底部，随后向右移动。

在页面空间中组织各构件元素的方式影响着读者阅读页面时的反应。然而我们往往把对简洁性的需求置之次要，把素材硬塞进页面，把文字一股脑地"倒"进去，随后再试着用图片"把文字拆分开来"。我们没有去调控空间，引导流畅的阅读观看行为，而是添加了许多人为的障碍，正如下图所示：

修改前

 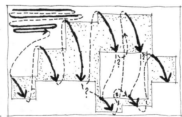 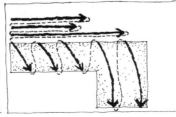

图片乱七八糟地散布在页面上……我们真的想让读者这样跳跃着阅读吗？瞧瞧他们的目光要跨过多少栏啊。

但是只要将文字排版化繁为简、合并集中，并且使各栏顶端对齐，读者的目光就能随心所至。比方说，先扫一遍图片，再定下心慢慢阅读。

修改后

图片挪到页面外缘处，将文字栏框的形状简化……阅读变得更流畅，除了文字栏底部，其他地方再也不用费神地跳跃着阅读了。

制造产品 | 人们不喜欢被牵扯到什么事情中来。他们害怕。他们很少有阅读和学习的欲望。他们很忙——尽管还是有那么多印刷品争先恐后地喧嚷着吸引他们的注意力。

他们琢磨着阅读需投入的时间、精力和阅读收获的性价比：**"这篇东西是否又有趣、又有用？"**

他们走马观花地翻阅着书页，寻找"为我所用"的价值。如果他们被什么吸引住了，可能就会开始阅读，但很少如我们设想的那样从头开始读，反而是其他地方的内容勾起了他们的兴趣，促使他们回到开头。

讲述故事 | 我们在编辑和设计时，需要遵循两条轨道：

1. **快车道，**使关键信息在第一时间呈现眼前，从而体现其价值。

2. **慢车道，**体现信息的深度。没有人想要读完所有的文字，看似无足轻重的信息就暗示着允许读者**不去**阅读，读者便心安理得地将其忽略。

如果一篇文章看上去寡淡无味，读者就会跳过它。如果它只是略有趣味，或者看上去太长，读者就会说"我等会儿再读吧"，意思就是没戏了，因为这件事会被扔到一叠"等会儿再读"的东西上头，等它们越堆越高，最后全都倒进垃圾桶里当废纸回收。所以，我们要利用心理、心智和视觉（也就是编辑）等各种手段，使读者看到故事的第一眼就产生反应，必须让它看上去难以抗拒，如果不**马上**阅读，感觉就会错过什么。

这就是所谓的**刺激**，运用的是心理战术：

习惯——他们对什么习以为常？

预期——什么是正常的，什么是反常的？

好奇心——什么东西让他们感到新奇和着迷？

于是就得排钩设饵，罗网布陷，铺陈展示，凡是能把读者拽进来的手法，用得越多越好，哪怕页面显得乱糟糟的。我们要说服漫不经心的翻阅者停下来、慢慢读、细细听。铺陈展示能让出版物充满磁性，吸引读者。尽管诱饵可以有各种形式（下面几页将做示例），但最显而易见的还是语言形式。

极尽展示之能事

标题，是当之无愧的销售文案，应当一开始就写好（什么？没错！）才能保证钓钩上的鱼饵是最鲜美而无法抗拒的。然而，标题、说明文字或图片标题等展示性元素总是被当成一件麻烦事，往往当奋笔疾书的热情逐渐平息后，才最后写上两笔，而此时作者和编辑都乏了困了，赶着结稿，激情已然不再。其实最先写好标题和说明文字能够促使作者厘清故事真正的价值所在。倒回去加标题的老办法实际上更难，但我们没有意识到这一点，因为我们习惯了这种做法。

最引人入胜的展示，是对读者有意义的内容，它让读者对文章"为我所用""它将如何影响我的生活"的价值兴奋不已。而标题显然是最重要的展示元素，想要保证其效用，每个标题都应当包含：

1. 一个主动动词。这会迫使作者以行动和结果的思维进行思考。

2. "你"——让这个神奇的词直接或间接地出现在标题某处。这会迫使作者围绕着读者展开故事。

测试一个标题的效力，就要把它大声读出来，然后问："那又怎么样？"如果答案是"不怎么样"或者"没什么大不了"，那它就不够吸引人，还需再次分析文章，找到合适的点子，才能把标题改好。无论标题的文字游戏玩得多溜，若不动脑筋，贪图省事，最后只能写出一条死标题。如果文章没有触碰到读者任何一方面的利益，他们依旧不会去读。那为何还要发表呢？

无论是杂志、书籍、通讯、杂志型报纸，还是别的什么，都是编辑刊物，不是广告。但读者对编辑和广告的注视、审阅、**反应方式**却是相同的。下面我们来说说自从广告被发明以来，单页广告是怎样发挥作用的。"广告学导论"现在开始：读者被内容吸引，要经过四道逻辑顺序。

1 图片引起注意，激发读者的好奇心。而每个人都会以自己的方式诠释图像，因为他们拥有不同的个人经历和兴趣，于是就需要用文字来定义视觉背后的思想，也就是目的。

2 标题强调思想，给人一种有利可图的感觉，鼓励读者深入到文字中去继续探索发现。**标题的长度要足够包含以上所有信息。**新闻报纸总是把短小精悍奉为至理格言，也许没错，但也时常束缚手脚。除非你能鞭辟入里地遣词造句，不然还是多写几个字吧。

3 文本包含细节。文字写得如此让人心潮澎湃，陶醉入迷，本来犹疑不决的读者被劝诱之后便下定了决心，因为他们意识到自己的生活原来可以如此充实。

4 优惠券已备好，只需填写寄出，就能获得免费样品。更与时俱进的观众参与方式则是（这也是广告的最终目的）：访问网址。

图像通过激发情绪和好奇心来引起读者注意。 操纵图像之术能够触发读者在第一时间理解内容，但只有在需要澄清意义时，才适合使用夸大的图像。

用信息图表替代冗长的说明文字， 视觉的解释方式更有效率。在文本中找到数据对比项，做成图片形式，让它们更易于理解。将文字转换成图像能帮助你更紧凑地编辑内容。

错误

正确

将题图放在标题上方， 这样能把读者引导进来。图片及其说明文字是一对信息单元，将标题放在图片下方就好像是图片的注释，告诉读者图中的含义。读者就更容易不由分说地被吸引进来。

错误

正确

切忌将没有说明文字的图片单独放置， 要将注释放在读者最习惯找到的地方：**图片下方**。如果说明文字也包含了诱人的"为我所用"的信息，就能让已然充满好奇的读者继续深入阅读。

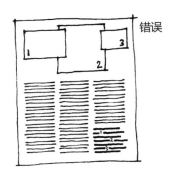

错误

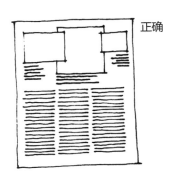

正确

切忌让读者到别处寻找注释文字。 读者会心烦意乱，甚至恼火，因为查找需要时间、精力、集中注意力，还得研究。为他们代劳，这是我们服务的一部分。沟通的速度和清晰度比页面的美观来得重要。避免将注释文字归拢在一起，哪怕这样看起来更整洁。

每页都应当有一个欢迎读者阅读的切入点，这个切入点要足够醒目，这样读者才不会错过。它可以是语言文字、图片、图表等任何形式，但必须向尚未潜心阅读的翻阅者说明，这一页专门讲述了什么话题，为何值得他们仔细去读。

聚集的短篇比长文更吸引人。小块文章没有长篇文章那么吓人，因为阅读短文所需投入的时间精力较少。利用侧栏能将说明材料分割成子块，给每一块方框配上各自的标题和图片。图中所示为一篇关于火山喷发的文章，一个方框说明了火山喷发的地点，另一个说明了时间。

速度至关重要。翻阅者会从**大标题、标题组、小标题**中获取文章的摘要精华。小标题应当定义文章各组成部分的内容，必须起到积极的作用，不是为了"给文章分层"而做的后道工序。让小标题更醒目些，更长些，包含更多的信息进去。（如此一来，兴趣一般的读者可能会跳过正文，但至少他们会知道文章讲了什么。）

将你的出版物变成有用的参考资料。地址、时间表、日期等信息，不仅能出乎意料地得到读者赞许，还具有长期的利用价值，能延长你的出版物的上架寿命。

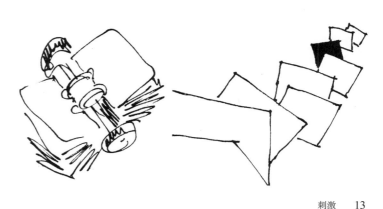

NO DUMPING VIOLATORS WILL BE PROSECUTED

NO dumping!
VIOLATORS WILL BE PROSECUTED.

禁止倾卸！
违反者将被追究责任。

NO dumping-violators
WILL BE PROSECUTED

不会有违规倾卸者
被追究责任

No! (Don't you dare!)
DUMPING VIOLATORS WILL BE PROSECUTED

禁止！ （你敢！）
违规倾卸者将被追究责任

NO dumping violators will be
PROSECUTED (as opposed to something else).

没有倾卸违反者将被
追究责任 （而不是别的后果）

永远不要推测读者可能看得懂。 并不是说他们笨，而是他们对我们想要告诉他们的东西一无所知（直到他们读到为止）。因此要从受众的角度来阅读我们展示的内容。我们是作者，自然理解它的意图，可是它真的表达了我们认为它表达的意思么？它的视觉呈现方式是否妥当地表现了我们想让人理解它的方式？

这块告示牌是某个冷冰冰的国家车辆管理局官僚干的好事。他肯定没读过上面的字，看他写了什么就知道他从来不阅读，这不足为奇。

它究竟表达了什么？

告示的目的当然是警告人们不要倾卸垃圾。

解读方式不止一种。这句话可能被理解成与意图完全相反的意思。

夸张一点可以读成这样。

或者引导你替换词语。

每种解读方式取决于这些词用口头说出来是什么感觉。口语为了让人听明白，会包含语调和停顿，也就是抑扬顿挫。书面用语也有对应的方法：

1. 标点，当说话者不在场时，标点就是表达语句起承转合的视觉线索。

2. 换行，将思路分割开放到每一行的方式。

根据本页上每一种排列方式暗示的语气线索，大声读出来，想想别人听到后的感受，然后把它**修改正确**。

白纸、背景、空余、间距、用来印刷图文的地盘、留白……我们来谈谈这件东西。

制造产品 | 它如此宝贵，如此神奇，充满奥妙，取之不尽，而且免费，因为它是我们的媒介与生俱来的东西，它是我们创作书籍、杂志、报刊、印刷品、网页过程中不可或缺的素材和实体。

就好比并不是每个人都迫切渴望拥有一把钻子，而钻子依然卖出了上百万把，因为人们需要打孔。订阅刊物的客户也并不真的想要这本实体的物件，他们需要的实际上都是获取信息，要迅速，要清楚，要便捷，拒绝繁琐。这就是空间感发挥作用的地方。用好空间，不是徒然浪费空间制造"空白"，也不是耍几个小聪明。空间是一种原材料，我们可以积极地、富有创造力地使用它。

空间不是静止的，而是活动的，弹性的，流动的，从左边流到右边，再流到反面。 你是不是很好奇这根手指向哪里？继续翻页就知道了。

空间绰绰有余，用得再多也不费钱。 右下角站着一位白金汉宫皇家卫兵，直挺挺地，纹丝不动。而快速翻动书页，你就会看到他动了起来。连续的空间在不同时间内反复，效果是多么神奇！制作出版物其实就像拍电影一样。

文字与形式的关系。这根手指促使你把书页翻过来，因为指尖延伸到了反面。而前面一页上的文字也起到了勾起好奇心的作用。语言和视觉必须协同发挥作用，相辅相成，引导着你一页一页地读下去。

DON'T WASTE THE SPACE

正反两面之间的关系。有没有注意到这一页的纸好像"透明"一般？（这是个小骗术：这一页的背景文字是用 20% 的黑色印刷的。）乍一看你会觉得这是反面甚至后面一张纸上"映出来"的字。

DON'T
WASTE
THE
SPACE

中缝两侧页面之间的关系。难道书合起来的时候，右页的黑色字母油墨擦到了左页上么？页面不是独立存在的单位，每一页都与另一页形成孪生兄弟般的整体，由中缝连接起来。

DON'T WASTE THE SPACE

空白页面的尺寸与印刷内容的关系。这两页展示了不寻常的尺寸比例的作用：在空白的汪洋中漂浮着一块小小的文字，或是狭小的方块页面里撑起顶天立地的文字，都能使人眼前一亮，引起注意。

DON'T WASTE THE SPACE

空白并非空无一物。

在这一页上它是有作用的：

它营造了天空浩瀚无边的幻觉。

没有空间，这一信息就无法传递。

横与竖的关系。就因为大多数书页都是竖开的，所以我们觉得竖着才正常，其实这是懒惰。页面的形状有可能——有时也应该影响素材排布的方式，

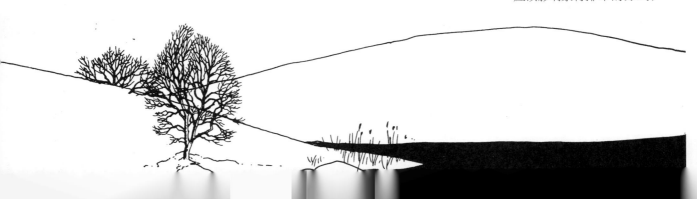

DON'T DO THIS WAY THE-PATS PAS

管不甚常用，毕竟翻页时略有些麻烦。所以它常用来解决一些功能上的问题，比如摩天大楼的照片、文字表格太宽，无法恰好印在一页上，于是我们把它转过来放置。然而，方向的改变能给人多么新鲜的感觉啊，如果在素材需要的时候不使用横页，岂不可惜。

把页面横过来翻。横页有可能会大有用处，尽

从而说服读者

Are you faced with producing a publication but don't feel confident about your judgment? Are you about to make decisions you are not trained for? Welcome to the club: you are in company with thousands who suddenly find themselves writers, editors, proofreaders, designers, production managers, and everything else rolled into one. Courage! It is not nearly as difficult as it seems.

Chances are that the first things you start thinking about are type, pictures, color, and page arrangements that are pleasing to the eye. Isn't that the stuff you control? Indeed it is, but Whoa! You are putting the cart before the horse. Have you forgotten about the other part—the background on which the stuff will be printed? That is probably just what you have done, but relax. Why should you be different from everybody else?

Perhaps "forgotten about" is an overstatement. "Taken it for granted" is probably more accurate. It is quite normal not to think about it. Obviously print cannot exist without its substrate. Printing and paper are like yin and yang. That is why you must take the object's physical attributes into account in order to produce excellent communication in print. The paper you print on is not just a neutral, empty surface waiting to be covered. It must be used as an active participant in the communication process.

Take it a step further: when you begin thinking about it, the paper is not merely the physical sheet from which your product is made. More important, if subtler, the paper carries *the space* in which printed matter is arranged. It is vital to take both space and its paper carrier into account in planning, editing, and designing printing.

All this is simply an extension of the most fundamentally obvious realization that if you are to communicate words in print, you have to turn them into little black marks on paper (TYPE). Once the words have been turned into these visual symbols, you have to arrange them in logical groups in the available space. That means you have to organize them on the pages (DESIGN, LAYOUT). The physical attributes of the materials you are working with are inescapable. The words, the type, the paper, the space are all part and parcel of communication. They are the physical, visual aspect of writing and editing. None exists alone.

I said earlier that communication in print isn't as difficult as it appears but I didn't say it is *easy*. Of course, you can follow the patterns

The relationship of thickness to lightness. Shoehorning so much into a space that nobody will want to read it is false economy. *It isn't what is put on the page, but what comes off that page into the reader's mind that matters.* A bit of empty space helps.

based on traditional wisdoms. Many of the software templates are based on them. If the result appears a bit boring, there is an advantage to that: readers will understand it because they have seen it a million times before. By taking the audience's expectations and habits into account, you help them interpret what you say in a cogent way. The speaker (the writer/editor/designer) and the listener (the reader) must speak the same language. But, just as the spoken word can either be monotonously soporific at one end of the scale, or evocatively and even thrillingly compelling at the other, just so can its translation into visual terms be banal or stimulating.

Attack the problem with lateral thinking. What you see on the page can actually be "listened to." See it that way, and you begin to see the complexity of the task as well as the direction to aim in. Doing it well-enough requires following tradition and normal practice. Doing it brilliantly demands self-confidence and insight. Much can be defined and learned. The various insights are interconnected and you need to understand them all in order to use them well. You need to be aware of the *background*, in order to use it actively. You must understand *space* in order to control it.

Everybody examines a printed piece twice, if it has more than a couple of pages. The first time is little more than a fast flip-through. It is a scan to determine size and content, to find the what's-in-there-for-me and to gauge the effort and time its study is likely to take. The second time is when they actually settle down to pay attention and read.

The first overview is vital because that is when the concept of usefulness and value is communicated. That is what makes them *want to* do the studying. Once the reader actually starts reading, then the information takes over. Its fascination speaks for itself, so the piece sells itself. Bringing the potential readers to the point where they realize how well they will be served is the first challenge. This is when the object's physical attributes—especially space—come into play. Space is only remarkable when it is well used. Used generously, luxuriantly, it adds an aura of value. Used strategically, it catapults ideas off the page into the reader's mind because it clarifies and dramatizes them. *The way the text overfills this page cancels out its own large size.*

编者注：本书内若干页面保留了原文，供读者参考版式，译文在其后另附页面。

你是否面对着制作出版物的任务，却对自己的判断没有把握？你是否将要做出自己擅长领域之外的决策？你不是一个人：你和千千万万的人一样，蓦然发现自己是兼作者、编者、审校、设计、出品于一身的角色。别怕！实际上没有看上去那么难。

你首先想到的，十有八九是如何选择好看的字体、图片、配色、页面布局。这不都是你需要控制的元素吗？没错，可是等等！你其实是本末倒置了。难道你忘了另外一件事——内容将印在什么背景上？你没准就是忘记了，不过放宽心，别人也都这样，何必与众不同呢？

也许说"忘记"有些过了，说"想当然"更准确些。没有仔细考虑这一方面是很正常的事。显而易见，印刷品不可能脱离底面而存在，印刷与纸张的关系就如同阴与阳。因此你一定要考虑到印刷品的物理属性，确保优质的印刷视觉传达效果。你用来印刷的纸张，不仅是一片中性的空白表面等着被油墨覆盖，应该把它当成一种积极要素在视觉传达过程中使用。

再者，如果你仔细思考一下就会明白，纸张不仅仅是用来制造产品的实体页面，它包含了用以排布印刷素材的**空间**，这点更为重要，却并不明显。在策划、编辑、设计印刷品的过程中，将空间和纸张实体这两者综合考虑是非常关键的。

想要通过印刷来传达文字，你就得把它们变成纸上小小的黑色（**字体**），只要明白了这件最根本、最显然的事，就不难联想到上面的道理。而一旦文字变成了这些视觉符号，你就需要在可用空间中有条理地安置它们，也就是把它们组织到页面上（**设计、排版**），你所接触材料的物理特性便无可避免。文本、字体、纸张、空间，都是视觉传达中不可或缺的要素，它们是写作与编辑的实体及视觉表现，无法脱离彼此而独立存在。

前面我说到，印刷这种传达形式并没有看上去那么难，我的意思并非说它**简单**。你固然可以遵循传

统经验总结出的规律来做，许多软件的模版都是以此为基础设计的。哪怕效果略显乏味，至少也有一个好处：读者会理解你，他们此前已经见过无数次雷同的设计了。充分考虑观众的期待与习惯，能帮助他们更贴切地解读你所表达的信息。毕竟说话者（作者／编辑／设计师）和倾听者（读者）必须讲同一种语言。然而，正如有人说话索然无味、催人瞌睡，有的却能引起共鸣，甚至说服力惊人，同理，将其转译成视觉语汇之后，有的会平淡无奇，有的则激动人心。

不妨从另一个角度来处理这个问题。你在页面上看到的内容，其实是可以被"聆听"的。如此一来你就会开始注意到设计任务的复杂程度，明确你的方向。想做到"够好"，循规蹈矩即可；想做到"出色"，则需有自信和见解。还有许多尚待阐明和学习的东西。各领域的见识是相互关联的，需要融会贯通地理解才能运用得当。意识到**背景**的作用，即能利用它；理解了**空间**的概念，便可控制它。

如果是一本多页的印刷品，每个人阅读时都会看上两次。第一次基本上是纵览全书，明确篇幅和内容，寻觅"为我所用"之处，估量需要多少时间精力去研究。第二次他们才真正定下心来，集中精神阅读。

一开始纵览全书的过程十分关键，内容的价值和功用的概念正是在此时传递给读者，使他们**渴望**继续研究，而一旦开始真正阅读，信息便紧接着起作用。摄人眼球的视觉为内容本身添彩，起到了自我推销的效果，而首当其冲的难关就是让潜在读者在某个时刻明白，我们将为他们提供多么优质的信息。这就是产品的物理属性——尤其是空间——施展身手的时候。空间利用好了才能有显著的影响。慷慨大方地挥霍奢侈的空间，可以营造价值不菲的氛围；而策略性地运用空间，则能如引弓放箭，将思想观点射入读者脑中，因为它增强了思想的清晰度和戏剧感。**本页文字满满当当，字号虽大，仍难以卒读。**

厚重感与轻盈感的关系。 把如此多的信息硬塞进有限的空间，导致没人想读，看似节约，实则浪费。页面上放了什么不重要，**页面上的信息有多少进入了读者脑中才是重要的。** 多点空白会更有益。

Are you faced with producing a publication but don't feel confident about your judgment? Are you about to make decisions you are not trained for? Welcome to the club: you are in company of thousands who suddenly find themselves writers, editors, proofreaders, designers, production managers, and everything else rolled into one. Courage! It is not nearly as difficult as it seems.

Chances are that the first things you start thinking about are type, pictures, color, and page arrangements that are pleasing to the eye. Isn't that the stuff you control? Indeed it is, but Whoa! You are putting the cart before the horse. Have you forgotten about the other part—the background on which the stuff will be printed? That is probably just what you have done, but relax. Why should you be different from everybody else?

Perhaps "forgotten about" is an overstatement. "Taken it for granted" is probably more accurate. It is quite normal not to think about it. Obviously print cannot exist without its substrate. Printing and paper are like yin and yang. That is why you must take the object's physical attributes into account in order to produce excellent communication in print. The paper you print on is not just a neutral, empty surface waiting to be covered. It must be used as an active participant in the communication process.

Take it a step further: when you begin thinking about it, the paper is not merely the physical sheet from which your product is made. More important, if subtler, the paper carries *the space* on which printed matter is arranged. It is vital to take both space and its paper carrier into account in planning, editing, and designing printing.

All this is simply an extension of the most fundamentally obvious realization that if you are to communicate words in print, you have to turn them into little black marks on paper (TYPE). Once the words have been turned into these visual symbols, you have to arrange them in logical groups in the available space. That means you have to organize them on the pages (DESIGN, LAYOUT). The physical attributes of the materials you are working with are inescapable. The words, the type, the paper, the space are all part and parcel of communication. They are the physical, visual aspect of writing and editing. None exists alone.

I said earlier that communication in print isn't as difficult as it appears but I didn't say it is *easy*. Of course, you can follow the patterns based on traditional wisdoms. Many of the software templates are based on them. If the result appears a bit boring, there is an advantage to that: readers will understand it because they have seen it a million times before. By taking the audience's expectations and habits into account, you help them interpret what you say in a cogent way. The speaker (the writer/editor/designer) and the listener (the reader) must speak the same language. But, just as the spoken word can either be monotonously soporific at one end of the scale, or evocatively and even thrillingly compelling at the other, just so can its translation into visual terms be banal or stimulating.

Attack the problem with lateral thinking. What you see on the page can actually be "listened to." See it that way, and you begin to see the complexity of the task as well as the direction to aim in. Doing it well-enough requires following tradition and normal practice. Doing it brilliantly demands self-confidence and insight. Much can be defined and learned. The various insights are interconnected and you need to understand them all in order to use them well. You need to be aware of the *background*, in order to use it actively. You must understand *space* in order to control it.

Everybody examines a printed piece twice, if it has more than a couple of pages. The first time is little more than a fast flip-through. It is a scan to determine size and content, to find the what's-in-there-for-me and to gauge the effort and time its study is likely to take. The second time is when they actually settle down to pay attention and read.

The first overview is vital because that is when the concept of usefulness and value is communicated. That is what makes them *want to* do the studying. Once the reader actually starts reading, then the information takes over. Its fascination speaks for itself, so the piece sells itself. Bringing the potential readers to the point where they realize how well they will be served is the first challenge. This is when the object's physical attributes—especially space—come into play. Space is only remarkable when it is well used. Used generously, luxuriantly, it adds an aura of value. Used strategically, it catapults ideas off the page into the reader's mind because it clarifies and dramatizes them. *This type size is smaller, but even so, people are more likely to read it, because it is set in a comforting white frame.*

你是否面对着制作出版物的任务，却对自己的判断没有把握？你是否将要做出自己擅长领域之外的决策？你不是一个人：你和千千万万的人一样，蓦然发现自己是兼作者、编者、审校、设计、出品于一身的角色。别怕！实际上没有看上去那么难。

你首先想到的，十有八九是如何选择好看的字体、图片、配色、页面布局。这不都是你需要控制的元素吗？没错，可是等等！你其实是本末倒置了。难道你忘了另外一件事——内容将印在什么背景上？你没准就是忘记了，不过放宽心，别人也都这样，何必与众不同呢？

也许说"忘记"有些过了，说"想当然"更准确些。没有仔细考虑这一方面是很正常的事。显而易见，印刷品不可能脱离底面而存在，印刷与纸张的关系就如同阴与阳。因此你一定要考虑到印刷品的物理属性，确保优质的印刷视觉传达效果。你用来印刷的纸张，不仅是一片中性的空白表面等着被油墨覆盖，应该把它当成一种积极要素在视觉传达过程中使用。

再者，如果你仔细思考一下就会明白，纸张不仅仅是用来制造产品的实体页面，它包含了用以排布印刷素材的**空间**，这点更为重要，却并不明显。在策划、编辑、设计印刷品的过程中，将空间和纸张实体这两者综合考虑是非常关键的。

想要通过印刷来传达文字，你就得把它们变成纸上小小的黑色（**字体**），只要明白了这件最根本、最显然的事，就不难联想到上面的道理。而一旦文字变成了这些视觉符号，你就需要在可用空间中有条理地安置它们，也就是把它们组织到页面上（**设计**、**排版**），你所接触材料的物理特性便无可避免。文本、字体、纸张、空间，都是视觉传达中不可或缺的要素，它们是写作与编辑的实体及视觉表现，无法脱离彼此而独立存在。

前面我说到，印刷这种传达形式并没有看上去那么难，我的意思并非说它**简单**。你固然可以遵循传统经验总结出的规律来做，许多软件的模版都是以此为基础设计的。哪怕效果略显乏味，

至少也有一个好处：读者会理解你，他们此前已经见过无数次雷同的设计了。充分考虑观众的期待与习惯，能帮助他们更贴切地解读你所表达的信息。毕竟说话者（作者／编辑／设计师）和倾听者（读者）必须讲同一种语言。然而，正如有人说话索然无味、催人瞌睡，有的却能引起共鸣，甚至说服力惊人，同理，将其转译成视觉语汇之后，有的会平淡无奇，有的则激动人心。

不妨从另一个角度来处理这个问题。你在页面上看到的内容，其实是可以被"聆听"的。如此一来你就会开始注意到设计任务的复杂程度，明确你的方向。想做到"够好"，循规蹈矩即可；想做到"出色"，则需有自信和见解。还有许多尚待阐明和学习的东西。各领域的见识是相互关联的，需要融会贯通地理解才能运用得当。意识到**背景**的作用，即能利用它；理解了**空间**的概念，便可控制它。

如果是一本多页的印刷品，每个人阅读时都会看上两次。第一次基本上是纵览全书，明确篇幅和内容，寻觅"为我所用"之处，估量需要多少时间精力去研究。第二次他们才真正定下心来，集中精神阅读。

一开始纵览全书的过程十分关键，内容的价值和功用的概念正是在此时传递给读者，使他们**渴望**继续研究，而一旦开始真正阅读，信息便紧接着起作用。摄人眼球的视觉为内容本身添彩，起到了自我推销的效果，而首当其冲的难关就是让潜在读者在某个时刻明白，我们将为他们提供多少优质的信息。这就是产品的物理属性——尤其是空间——施展身手的时候。空间利用好了才能有显著的影响。慷慨大方地挥霍奢侈的空间，可以营造价值不菲的氛围；而策略性地运用空间，则能如引弓放箭，将思想观点射入读者脑中，因为它增强了思想的清晰度和戏剧感。**本页的文字字号虽然缩小了，但因为包围文字的白色区域更为宽松舒适，反而使人愿意阅读的可能性增加了。**

左右跨页之间，以及跨页与跨页之间的关系。跨页的形状是横向的，比起重叠在一块儿装订的两张独立页面，跨页更宽更大，给人留下的印象更深。不要把页面看成独立的单页，它们都是绵延不断的空间中一对对连体双胞胎。

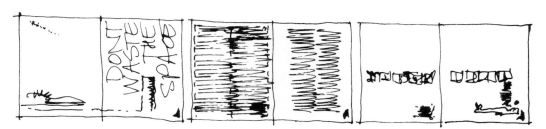

前 13 页的排版
如上图所示，
它生动地体现了
出版物
这一媒介
非常适宜
让视觉印象
接二连三
任意地
排布。
页面联动汇聚成
一个整体，
比单页的效果
累加起来
还要显著。
要学会
横向思考。

更多关于
连续性的思考
请见第 32—33 页。

（此页有意留白）

被打断的关系。这句官方文书空白页的法律声明，简直烦人到无以复加。不过，先忘掉它恼人的一面，转念理解一下，在音乐作品中某个安静时刻（"休止符"）往往起到了增强反差、区分乐句、引起注意的作用，而美妙的空白也有同样的作用。

制造产品 | 能独立存在的印刷品只有一种，就是塞在信封里的单页传单。别再用单页的角度思考了。要把页面想象成一连串接续发生的事件，犹如一行列队从眼前经过。可以做个观察：随便拿本杂志翻阅一下，必能意识到页面之间的关系。还有更好的方法：把几本杂志拆开，将页面由左向右绕着房间悬挂起来，退后几步，把它们作为一个整体来观察。

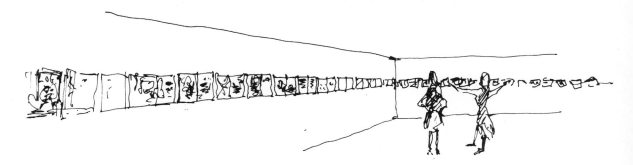

将出版物的页面集合成册，就像是制作一套切换播放的幻灯片，并且比幻灯片更好的地方在于，每个接收信息的人可以自行控制，根据自己的兴趣和习惯的速度快进、后退、停下来端详，或者走马观花地翻页。一本杂志从本质上说是一个合集，整体效果比每个部件作用的单纯相加更胜一筹。因此我们必须超越惯常的"一个效果接着一个效果"组合的技巧，转而发挥它在空间中连续不断的特性。小说未必需要这种特性,但其他印刷品需要。

空间顺着我们阅读的方向流动，从左开始，跨过中缝往右，再翻到反面。它不是静止的，尽管我们在屏幕、纸张上看到它时觉得它似乎是固定的。对它潜在的动势加以挖掘，能使我们的表达更为鲜明，产品更为生动。

讲述故事 | 我们还能把这个概念说得更精彩些：读者对前文的记忆和对后文的好奇，影响了他们对当下页面的反应。精明的沟通者会利用这第四维度——**时间**——为产品定下"步调"，裹藏一些惊喜和情绪的起伏。

这是第28—29页展示的一个序列，其中展现的思路与这几页中其他表现**时空连续体**的例子类似。这些页面形式固然不同，却有共同的关键特征：动势、变化、发展……

观察列队行进的情景：队伍由远慢慢临近，缓缓走过，音乐震耳欲聋，而最终渐渐消失。尽管你伫立不动，队伍从你面前走过，但司仪会按照一定顺序制造有冲击力和令人惊喜的表演——也就是"步调"。

阅读沿途的广告标牌：你从它们前面飞驰而过，它们就站在那儿等着。从前路面车辆速度慢、本地车多的时候，柏马剃须膏的广告就因它风趣押韵的系列广告词而名声大噪。如今的广告牌则绞尽脑汁在一瞬间给急速驶过的司机留下深刻的印象。

商业项目展示也是经过精心策划的，一步步推向高潮，所有花里胡哨的内容都是为了吸引你、留住你、说服你。发言者运用疏密有致、强弱结合的语调和图像，让你坐在那儿束手就缚。

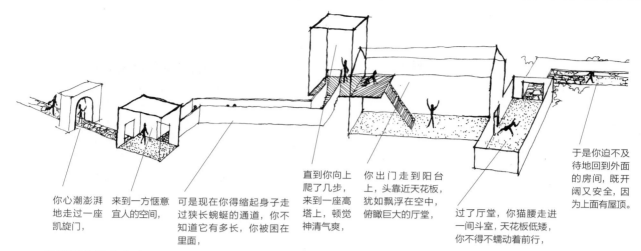

你心潮澎湃地走过一座凯旋门，

来到一方惬意宜人的空间，

可是现在你得缩起身子走过狭长蜿蜒的通道，你不知道它有多长，你被困在里面，

直到你向上爬了几步，来到一座高塔上，顿觉神清气爽，

你出门走到阳台上，头靠近天花板，犹如飘浮在空中，俯瞰巨大的厅堂，

过了厅堂，你猫腰走进一间斗室，天花板低矮，你不得不蠕动着前行，

于是你迫不及待地回到外面的房间，既开阔又安全，因为上面有屋顶。

在建筑空间内走动，注意包围你的空间形态给你带来的感受。上图的漫画显然略有夸张，目的是为了说明这一点。

芭蕾舞团的编舞根据音乐节奏钻研舞台动作。你看到的舞台上的动作经过了复杂的设计，在有限的空间和固定的韵律中演绎出来。

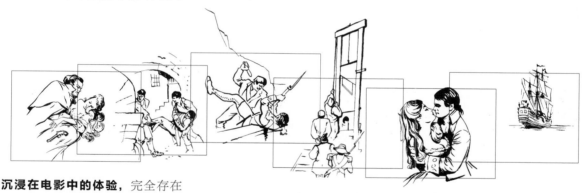

沉浸在电影中的体验，完全存在于你的想象之中。你的情绪反应都是通过导演对流动性画面和语言的掌控而调动起来的。

当你滚动网页、点击按钮时，**页面就紧接到了一起**，这种连续的效果看似由你的选择而随机产生，但网页的设计师想出了一套方法，确保页面无论以哪种顺序出现，都明显紧密联系在一起。网页的移动方式不是横向，而是纵向往下的，所以在图中我们侧过来表示它的序列。

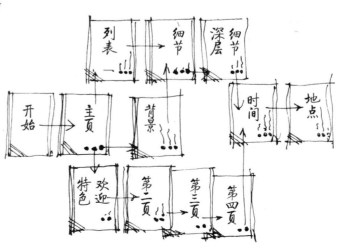

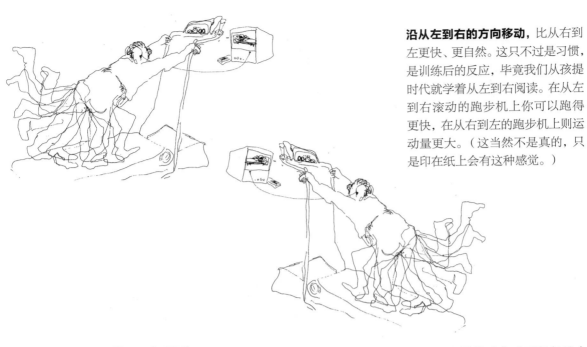

沿从左到右的方向移动，比从右到左更快、更自然。这只不过是习惯，是训练后的反应，毕竟我们从孩提时代就学着从左到右阅读。在从左到右滚动的跑步机上你可以跑得更快，在从右到左的跑步机上则运动量更大。（这当然不是真的，只是印在纸上会有这种感觉。）

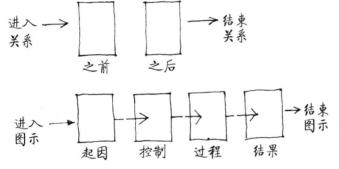

从左到右的移动方式不仅仅是个有趣的概念，还有很多用途，可以进一步拓宽，用来表示

　　进步

　　改变

　　发展

等理念，由此可以用它表达更清晰的编辑语义。方法如图所示，使用小方块表示，但也可以拓展开去，它可以是一串连环画面，甚至是对整页的处理。

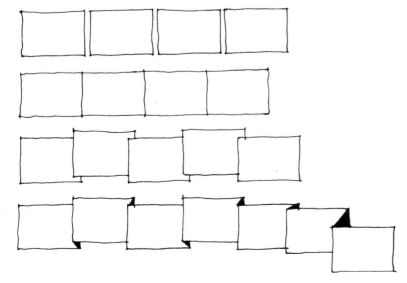

一旦通过严格的对齐、紧凑的间距清晰地表达了元素之间的关系，**编号就可有可无了**。把几个步骤头尾相接，使浏览序列的速度更快，而元素之间的衔接也更为顺畅。

即使将元素**重叠**，也能提升顺畅感和速度。比如将后面的元素叠在前面元素的上面，以此类推；或者在边角上填色，将元素融合而形成一条弯折的丝带。

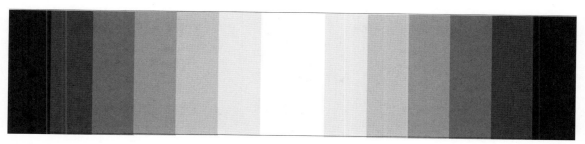

色调的变化能表现出稳步前进的效果——无论黑白还是彩色都是如此。最深的颜色看上去距离最近。

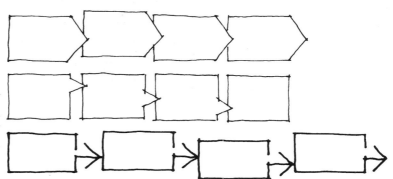

形状的变化（例如把矩形和箭头组合）可以指示方向。尖角可以重叠在其他元素上，也可以上下挪动位置，强调特定的内容。箭头本身甚至可以做成一个方盒状。

尺寸的变化暗示了紧缩和增长、退化和进步。重叠的方法可有可无，但它能够更生动地表达意思。

重复频率的变化表示加速或减速。在图中我们用箭头的方式将它表述得明显一些，但也可以使用不断变宽或变窄的矩形序列来达到相同的效果。

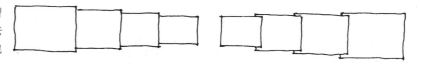

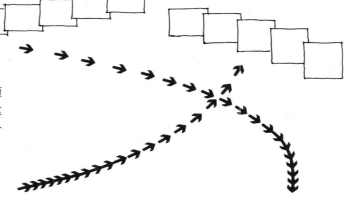

方向的变化，向上意味着进步，向下意味着退步。若与重复频率的变化结合，可以用来表达一片充满希望的愿景，或是一场迫在眉睫的灾难。

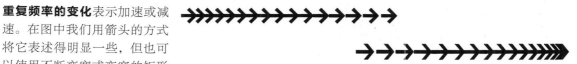

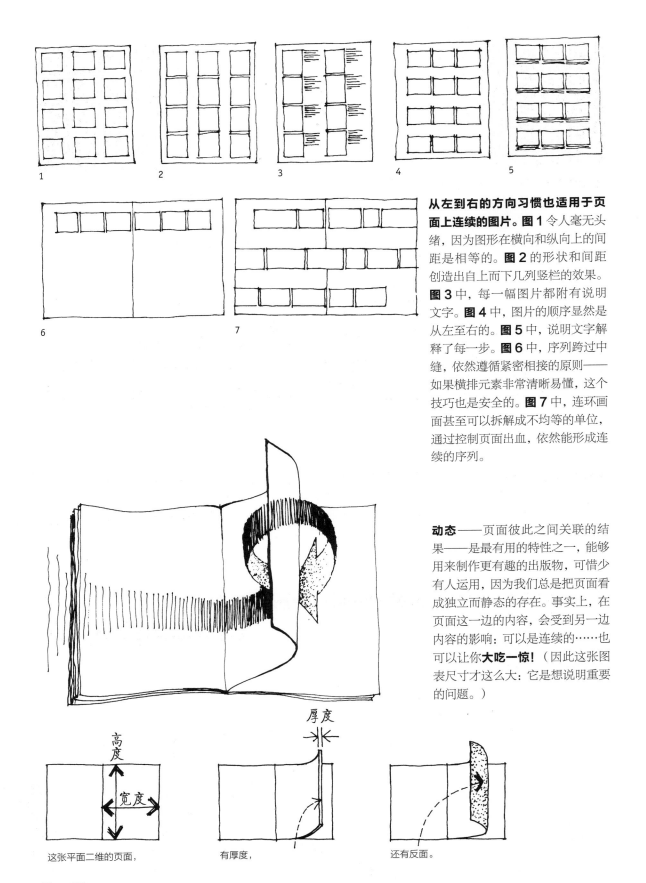

从左到右的方向习惯也适用于页面上连续的图片。**图1**令人毫无头绪，因为图形在横向和纵向上的间距是相等的。**图2**的形状和间距创造出自上而下几列竖栏的效果。**图3**中，每一幅图片都附有说明文字。**图4**中，图片的顺序显然是从左至右的。**图5**中，说明文字解释了每一步。**图6**中，序列跨过中缝，依然遵循紧密相接的原则——如果横排元素非常清晰易懂，这个技巧也是安全的。**图7**中，连环画面甚至可以拆解成不均等的单位，通过控制页面出血，依然能形成连续的序列。

动态——页面彼此之间关联的结果——是最有用的特性之一，能够用来制作更有趣的出版物，可惜少有人运用，因为我们总是把页面看成独立而静态的存在。事实上，在页面这一边的内容，会受到另一边内容的影响：可以是连续的……也可以让你**大吃一惊！**（因此这张图表尺寸才这么大：它是想说明重要的问题。）

这张平面二维的页面，　　有厚度，　　还有反面。

单页和跨页都是渐次发生的事件。 它们并非孤零零地独立存在，而是只存在于集体的语境中。人们需要花些时间，一个接着一个地察觉这些事件——不管是从前往后，还是从后往前。

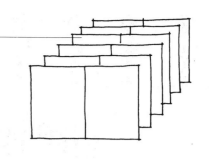

阅读 / 搜索 / 随意翻阅的读者在看到一张页面时， 会记得刚才看见过的内容（或者至少他们会受其影响）。

而他们对接下来的内容会产生好奇（或者至少我们可以激起他们的好奇）。

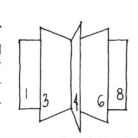

这样说来，或许出版物应当被看作一连串"透明"的空间，如此才能更生动地诠释页面之间的关系。

读者看到的页面是这样装订的， 但我们在编辑时，它们却是显示器上平铺的单独页面或跨页。我们必须时不时地设想它们折起来像风琴一样构成连续性空间的效果。

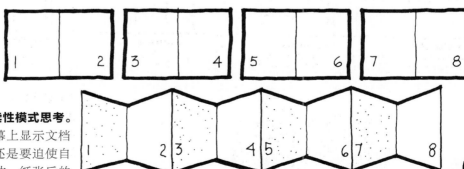

强迫你自己用连续性模式思考。 尽管你可以在屏幕上显示文档的缩略页面，但还是要迫使自己设想它成为实体、纸张后的效果，因为那才是受众最终看到的东西。利用缩略图，可以对印刷品进行规划和组织（见第 39、第 230 页）。

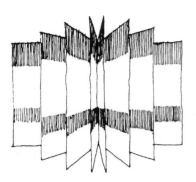

页面是一个个竖直的小单位，就像这一队小卫兵。强调他们的竖直形态反而显得呆板，因为页面的比例总是一样的。打破单调乏味的竖版序列，以跨页的角度去思考：突然间一切的尺寸都变大了。所以不要以页为单位思考，甚至也不要以跨页为单位思考，而是以完整的故事为单位思考。（见"拓宽"一章。）这就是说，需要形成模式，重复呼应，对齐方式一致。

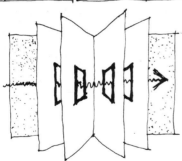

形成模式和重复呼应这两种方法并不乏味。它们创造了力度和辨识度。每一张页面都不同的时候，你感知到的是混乱嘈杂。反之，为每个故事发展出一套合适的格式（见"栏与格"一章），让它们互相反衬。

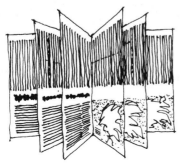

把页面顶端沿着一条"神奇的参考线"对齐，确立空间。图片上方的边界是最容易控制，也最显而易见的。而文本区域的上沿就更有必要明示，它不仅确定了空间，而且能鼓励读者继续阅读，因为每一栏的上沿都是一段文字的开始或延续。

将页面想象成卡通连环画里的帧，
一帧一帧、一个印象接着一个印象
地去构建，循序渐进地创造出序列，
连续地讲述一个故事。

怎样利用连续性，最大程度展现一篇四页文章的魅力：

每一页都是分开的竖版单元：前篇故事的结尾｜开篇｜文字｜一组特写照片｜文字｜独立的文本框。四页长篇大论在哪儿呢？

将特写照片分散开来放置到页面顶端，削减一些文字——抱歉啦——将文字栏的顶端对齐，让四个页面统一起来。

将独立文本框移动到前面，让四页的文章从左页开始（比从右页开篇更有利），在右页收尾（比在左页收尾更有利）。

**让一篇故事成为这一期出版物中
的重要事件，**要求你用三维的方
式思考。充分利用连续性和横向
对齐方法，把精彩的内容跨页展
现在页面顶端——并且最重要的
是，将内容横向移动。

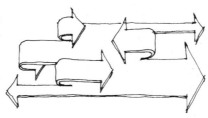

文字或图片，你会从哪个开始？ 在一个跨页上开始一篇文章，比从右页开始更有力度。实体印刷品还会影响到从文字还是图片开始这样的**编辑层面**决策。假设这篇文章说的是本杰明·富兰克林认为火鸡比老鹰更适合作为美国国鸟。

1. 以一行标题、一段介绍开始，意味着这是一篇关于火鸡群体的论文，图片只是放在一侧的插图。更糟糕的是：这张图片成了一个巨大的障碍物，跳过它才能继续阅读第 3 页的内容。

2. 把图片放第 1 页，由图到文的策略，恰好与火鸡从左往右看的眼神配合，图片傲居首位，起到注释作用的大标题则与其交相辉映，文字在页面前后畅通无阻地流动。比方案 1 好多了。

3. 加上老鹰的图片之后，页面序列开始棘手起来。在这个方案中，强有力的图片放在了故事的开头和结尾，当中的文字依然在页面间流动无阻。这个主意也不错。

4. 文章以理论开篇，随后文字被图片打断，而且两张图背对背，无法作直观显著地比较。简直一无可取。然而这种做法却很常见，因为我们想要所谓的"多样性"——"如果这里图片放在右边，那么后面的跨页里就把它放在左边吧！"这是多烂的主意。

5. 这个方案充分发挥了杂志的前后连续性：两只鸟的图片先后出现，形成最戏剧性的对比。尽管文章依然从无聊的文字开始，不过收尾却十分有力。

6. 以夺人眼球的图片开始，接着在下一个跨页的左边也放置图片，形成火鸡、老鹰两者图片的连环出击。然而文字还是被打断了，结尾也略显薄弱。并没有"正确"的或理想的设计，但我投这个方案一票，因为它使整篇文章变成了一个有冲击力的事件——**对这期刊物来说是有利的。**

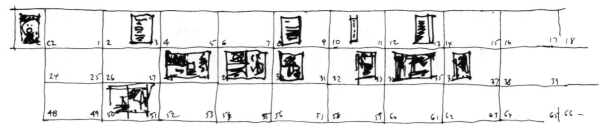

将版面打印输出， 页面缩小至 40%
左右，这样不必拘泥于细节，但足
以分辨布局。把纸张多余的部分裁
去，只剩下页面，随后按照编号把
它们井然有序地钉在软木墙板上。
这面墙越宽越好，这样你就能迫
使自己以从左至右，以横向连续的
角度进行思考。

这一面微缩图规划墙不仅能够展
示实体页面的组合方式，还能够
展示进度安排和拖稿情况！因此
它成了印刷品制作流程中的核心
部分。（避免像制作人员和广
告人员那样将页面纵向排列，
他们不需要横向思考，而我们
需要。）

充分发挥"步调"的作用，使刊
物妙趣横生。 临近完稿时，要仔
细观察展示墙，研究文章之间是
如何彼此联系的。找到"快读"
文章（以图为主）或"慢读"文
章（以文为主），调整它们的位置，
尽可能增强彼此的反差。这一步
在文章写完之前无法提前完成。
它基本上是视觉层面的比较。

列一张吸引力指数表格，给每篇
文章的吸引力程度打分，最高
10 分，最低 -10 分。随后调换
文章顺序，扩大前后文章吸引程
度的反差。（见"检查"一章。）

没错，有些人会倒着看书。 但是
可以忽略他们，毕竟让一个有实
体形态的产品满足所有人的需求
是不可能的。也不妨在"封三"
的对页（除封底外的最后一页）
放些有意思的内容，给他们一个
有趣的"开始"。

广告接连着放在全刊开始 的右页——每一页效果各异，紧紧抓住读者的注意力。左页则留给刊物内容。

尽管都是同一款新产品的预告，但雄心勃勃的编辑／设计师却想尽办法让每一页都不一样，追求多样化。

然而放在一起后，无规可循的刊物内容与同样无规可循的广告内容混成一团，难分难辨。

如果重复使用一套式样（不管是什么式样，能辨认出即可）就能让刊物内容从广告页中凸显，无论对内容还是广告都有益处。

比起独立刊登的多页特别报道，**前后穿插在广告中的页面**更需要三维立体的思考方式。在这种"穿流式布局"中，刊物内容的空间越支离，严格遵循重复式样的做法就越重要，这样做能使刊物内容空间脱颖而出，易于辨识。扰乱刊物内容连续性的广告越多，内容页面效果的"多样性"就应当越少。

哪怕是精心把控的页面节奏——连续用左页显示内容为佳——也需要在左侧边缘添加统一的视觉元素。左侧边缘是最显眼的区域，这里的视觉效果越稳定，页面之间的连接度就越高。上图就是一团糟。

用强有力的视觉标志将页面紧密连接起来。标志可以设计成任何你喜欢的模样——任何尺寸、颜色、形状、图标、文字、方向、角度……只需谨记一点：放对位置，不断重复。（见"标记"一章。）

一期刊物只需策划"几幕大戏"，其他部分安安静静就好。出版物的整体效果比其中任何一个独立部分都重要，为了这种完整性，必要时可以让某些元素屈居次要。永远要把每一期刊物当成整体看待，别把"特别内容"做得太特别，以至于它不再和你的产品气质相投。

哪座山峰最高？ 每一座都争相吸引注意力，因此没有一座能傲视群雄（大概是最左侧远处的那一座最高吧）。如果把每一页、每一组跨页、每一篇文章都视作一座山峰，争长相雄，它们的力量只会相互抵消，你也许能拥有一片宏伟的山脉，但若要通过调整节奏来实现多样性，最好还是让某几座山远远高出其他山峰比较好。

一座山峰屹立在与它反差强烈的平原上时才最显眼。平原就像是我们页面上网格之类的尺规条框——正是因为有它们，才有可能在合乎预期的语境中有策略地安插不一致的元素，从而让一篇特别报道得以凸显。

在最有利的位置制造惊喜。 紧接着的前几页内容要波澜不惊，才能反衬出最好的效果。要合理安排页面顺序，悄悄地将读者引导过来。

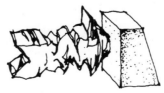

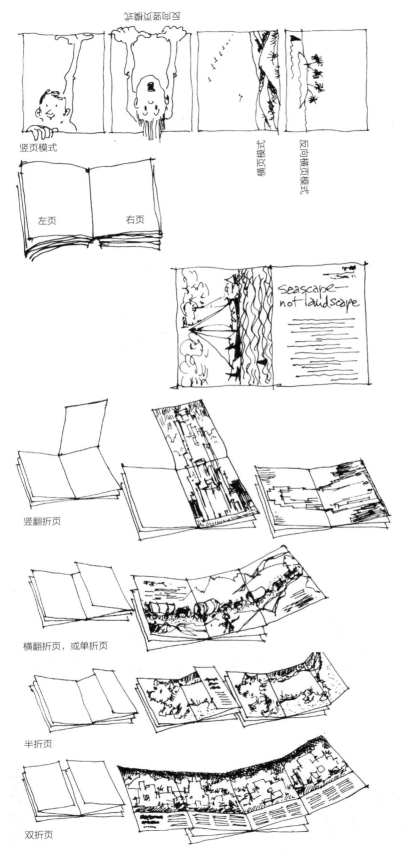

杂志的连续空间建立在页面大小的矩形序列的基础上。

一般使用的是纵向的页面（竖页模式）。尽管如此，了解一下其他方向页面的术语命名也颇有裨益。右页叫作 rectos（拉丁语"右"之义），左页叫作 versos（拉丁语"反"之义，似英语中的 reverse）。

在单页上，极少使用**横页模式**，将页面转过来阅读太麻烦了——除非你的内容对此有非常强烈的需求。尽管是在同一个界面设计，横向的效果却截然不同（见第23页）。

折叠插页似乎是解决尺寸形状问题的答案，但制作价格昂贵。竖翻折页可以放下一张摩天大楼的照片，但需要用模切工艺，不如放弃，把图片横过来印刷在跨页上也能将就着看。若的确花了成本制作插页，就要物尽其用，用生动而恰当的视觉元素使编辑排版大放异彩。

制造产品 多页面设计（印刷品）也好，多印象设计（网页）也罢，其关键在于有节奏地重复一种基础式样，从而赋予产品始终一致的视觉特征。清晰的结构提升了产品的可预测性，观众／读者会本能地察觉到产品的基础架构，感受到井然的秩序，甚至能推断评判所读材料对自己的相对价值。

给普通书籍或者其他没有广告的印刷产品制定一套系统化的空间结构并非难事，然而广告限制了杂志页面的构建。为了适配标准尺寸的广告，使用标准尺寸的栏宽是必不可少的，结果，大多数杂志的结构比例看上去都大同小异，在如此千人一面的情况下，只能增加一些肤浅的小细节来标新立异了。

标准化更严重的缺点在于，它取代了创造性的分析思考。当素材正适用时，依赖现存的方案比破旧立新方便太多了。我们总想着"把东西灌进栏框里"，好像那是一堆旧瓶子一样。如此一来，规范性磨平了编辑和设计师的创造力，出版商有了借口打消冒险的念头，导致读者兴味索然。

理想的解决方法是，如果在用一种标准格式时遇到了瓶颈，绝不能让自己的思维拘囿于此，应当把每一篇文章看作无所不包的整个连续体中一个个单独的、与众不同而自成一格的单位。只要你能保持字体、字号、行距等排印原则的一致性，产品总能保持整体一致。

讲述故事 如果你设计出的式样能在视觉层面反映和彰显文章背后的结构，你将实现的不仅仅是版面的多样性（这是值得追求的），更能让每一篇文章的思想得以有效地传达（这是最好的结果）。

规范和自由各有各的益处，为何不综合运用，取长补短呢？

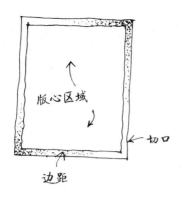

版心区域

切口

边距

版心是页面上印刷图文的区域，四周是宽一两厘米的页边距。它们的功能非常实际：确保重要的内容不会在印刷品切边时被裁掉。（当然图片也可以叠在页边距上。在裁切线之外的元素都会被切掉，称为"出血"，颇为形象。）

将空间分割成等宽的几栏是较为通常的做法，人人都用，合乎大众口味。它能够制作出标准化的效果，因为其自身的简洁性促使人以规范的模式思考。

但分栏远不止是对空间抽象的、数学层面的分割。它们的几何形态应当响应编辑层面的需求，所以按需变化栏宽是无可厚非的。

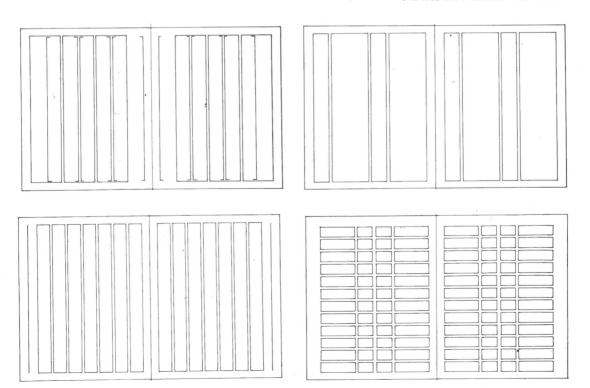

字号和栏宽的变化创造了功能上的"多样性"，引导读者去理解内容。文字越大，读者就推断它越重要，反之亦然。宽栏大字适合印刷公告，窄栏小字适合印刷非正式的小段文章。巧妙的传达设计，能使彼此相得益彰，吸引注意。（见第99页）

在同一页面上、同一篇文章中，不同文章之间**综合运用不同栏宽**也是可以的，甚至应当鼓励，只要这种做法有助于说明问题。反过来说，这也取决于你想表达什么、表达得多强烈。

想让文字传达什么信息、传达的力度多强，理应决定如何选择字号以及栏宽。栏宽不只是对空间的数理分割。字体、字号、行长（相当于栏宽）和行间距都相互关联。文字越大，容纳文字的栏宽就应该越大；每行文字越长，行间距就应该越疏松。栏间距也应当依据比例变化。（见第99页）

12/14 Times Roman, 22 picas wide, justified

This type is so large because what it says is believed by the editors to be worthy of being played big and loud. Large type belongs in longer lines than small type does, and it deserves extra spacing between the lines to give it dignity.

This type, on the other hand, represents lesser value in terms of information, news or instruction. It is not set as small as a footnote might be, but it is clearly different from the stentorian pronouncement in the example above, which stands there and orates in a self-important way, bloviating its views and opinions to the four winds. The very texture and appearance of the typography —its size and its column width and its line spacing—create an impression the viewer understands at first glance without even thinking about it. That is an immensely valuable attribute that ought not to be wasted.

8/8.5 Times Roman, 7 picas wide, ragged right

第一段文字特别大，因为编辑认为这些信息值得放大强调。大字号的每行文字需比小字号的长，而且需要增加行间距，营造庄重感。

相反，第二段文字说明了它呈现的信息、资讯或指示的价值较少。尽管它的字号不像脚注那样小，与上面一段如洪钟、一本正经向四面八方高谈阔论的公告比起来，却依然有天壤之别。通过字体排印呈现的纹理和外观——由字号、栏宽、行间距构成——创造出一种印象，使读者一看到就能不假思索地理解。这种特性极有价值，不可浪费。

设置栏宽时要**配合文字的功能需求**。譬如，一定要给化学公式留有充足的栏宽，以免中断换行。数学公式也是如此。相比之下，新闻报道则需要较窄的栏宽，有助于快速阅读（因为减少了眼球横向移动跳视的频率）。

The heat-transfer coefficient, U_F, for the fouled exchanger becomes:

$$U_F = 247,500/A(24.7) \simeq 10,020/A$$

Hence, the ratio $U_F/U = (10,020/A)/(21,429/A)$, or $U_F \simeq (1/2)U$.

To understand how fouling comes about, let us calculate U empirically from the following equation:

$$\frac{1}{U} = \frac{1}{h_o} + r_o + r_w + r_i\left(\frac{A_o}{A_i}\right) + \frac{1}{h_i}\left(\frac{A_o}{A_i}\right) \qquad (4)$$

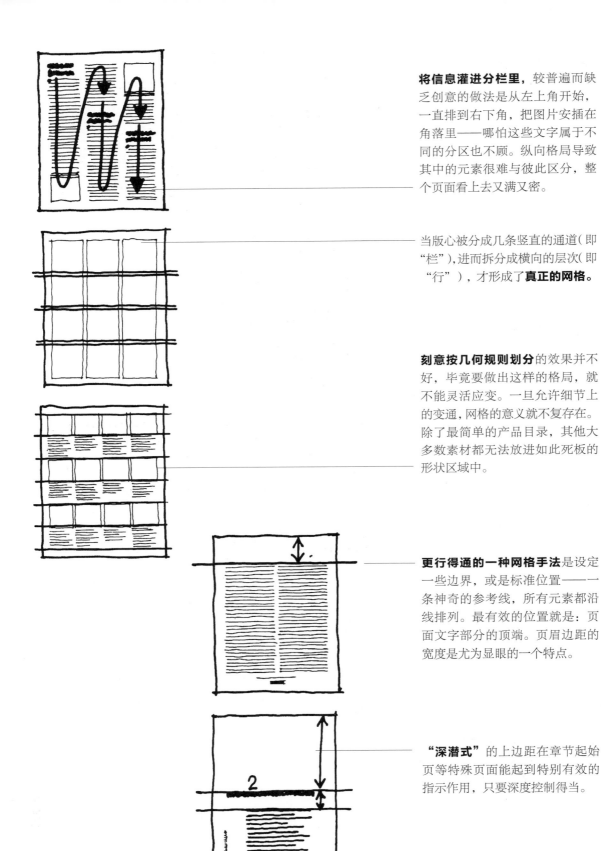

将信息灌进分栏里，较普遍而缺乏创意的做法是从左上角开始，一直排到右下角，把图片安插在角落里——哪怕这些文字属于不同的分区也不顾。纵向格局导致其中的元素很难与彼此区分，整个页面看上去又满又密。

当版心被分成几条竖直的通道（即"栏"），进而拆分成横向的层次（即"行"），才形成了**真正的网格。**

刻意按几何规则划分的效果并不好，毕竟要做出这样的格局，就不能灵活应变。一旦允许细节上的变通，网格的意义就不复存在。除了最简单的产品目录，其他大多数素材都无法放进如此死板的形状区域中。

更行得通的一种网格手法是设定一些边界，或是标准位置——一条神奇的参考线，所有元素都沿线排列。最有效的位置就是：页面文字部分的顶端。页眉边距的宽度是尤为显眼的一个特点。

"深潜式"的上边距在章节起始页等特殊页面能起到特别有效的指示作用，只要深度控制得当。

将页面空间分成几个横向区块，读者一眼就能看到三个独立的信息分区。（他们会先读最短的那个，因为所需的时间精力最少。）

空间是十分关键的成分。这一页上有两篇完全不同、相互独立的文章。我们习惯了它们挤在一起，因为新闻报纸就是这样组版的，不出所料，用来分隔两篇文章的空间极少。想要**上下**分隔页面文章其实很简单，只需空几行就能挖出一条沟的空间，文本元素之间的关联马上变得直观、显见、卓有实效。

错误　　　　正确

想要左右分隔元素是不可能的，因为在空间用尽时，不管一页分成多少栏，分栏结构一般已经定型。但如果栏宽比页面总宽度略窄一些（也就是还有些空间被"浪费"了），那么页边距上还可以开发一些空间，或是把这些零碎空间聚合起来，灵活运用，将文章横向分开。效果如图：横向纵向的结构都很清晰。为了说清楚这一点，插图中画得夸张了一些。在实际工作中，你只需要增加一两个派卡的单位（约 0.42—0.85 厘米）就可以达到同样的效果。

特宽的栏间距则可以用来放置纵向的指示、主题分类等文字。

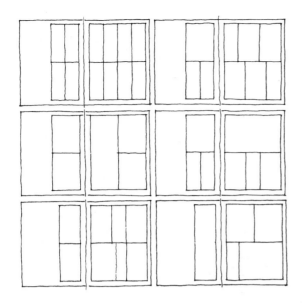

灵活多变： 网格绝不是紧身衣，它们应该是助力的工具。一份出版物完全有理由运用多套相互关联的网格，每套网格都配合专门的用途。

网格可以是任意形状、任意大小的。这套网格比较特别，因为它只覆盖了跨页的四分之三。同时它充分说明了即便在如此简单的分割方法之下，也能产生如此多变的形状。

单栏

 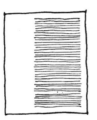    

所有可用的空间悉数用尽，可是效果看上去像一封信。页面密密麻麻，文字难以阅读，除非字号能放大一些、行距能疏松一些，补救一下过度的行长，这样一来它所能容纳的材料就并不如料想的那样多。

这一例中的文字栏略窄一些，由于行长缩短，读起来轻松许多。它或许能容纳和前面满满一页同样多的文字，因为字号可以缩小一点。偏离中心的布局使页面显出动感。

居中的文字栏：一本正经，够"高贵大气"，也够老套。

将标题暴露在空白处，引起读者注意。使用左侧"浪费掉的"空间，制作出"悬挂缩进"的效果，正是让页面易于扫描阅读的理想方法。

由于我们是从左到右阅读的，左侧的内容在认知上会比右侧更重要。在主文字栏的右侧加一列空白的窄栏，这是最适合放置注解、评论、小图片、证件照、人物简介、交叉引用等次要信息的地方。

把略窄的文字栏放在中间，在两侧留出空间，左侧用于悬挂缩进的标题，右侧用于旁注。也许看上去有些眼花缭乱，但效果比较活跃，读者容易接纳。

双分栏

最大程度利用空间：两个文字栏中挤满了信息，但看上去很无聊，除非打断文字插入一些展示素材。

两个分栏略微缩窄了一点，留出了一个狭小的空间运用悬挂缩进。

或者插入整段全宽的文字。文字的"颜色"（浓度）可以不同。把右侧边缘设置成对齐或保持锯齿状，将两组素材加以区分。

页边距特别宽时，标题可以从左侧或右侧插进来。用与栏同宽的下划线将标题和文字绑定起来。

两个窄栏置于中央：两侧多出的页边距可以灵活丰富地加以利用。

两个窄栏放在非中央的位置，留出了大胆探索、让布局设计打破常规的空间。

三分栏

普普通通的三分栏，意料之中，平淡无奇，毫无新意。尽管这种设置限制了页面布局的创造性，但很容易操作。

文字左对齐，右侧保持自然锯齿状，阅读起来更轻松（字母和单词间距保持在可控的标准范围）。为了让页面更整洁明晰，需要在栏与栏之间添加竖线分隔。

略窄的三分栏，省下的空间用在了外侧页边距上，添加了分隔线、装饰细节、页码、目录标签等内容。

四分栏

把栏宽缩窄到一页可以放下四栏的程度，字号也就需要缩小。空出的一栏会带来出乎意料的戏剧化的效果，而且比普通三栏格局下创造同样效果使用的空间更少。

两两相邻的四栏文字，再穿插大字号的段落，有助于强调重要的内容。

四栏格局下可以做出许多布局变化，同时保留清爽整洁的效果。可以相当大胆地调整图文的尺寸，满足强调内容，或让页面更丰富的需求。

五分栏

 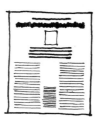 

如果页面被分成五栏，就要求使用十分细小的字号来适合极窄的栏宽。但在五栏布局中，可以创造性地把相邻的两栏或三栏合并使用。

在这一页颇显正式的版面中，两侧的分栏两两合并，用中等字号文字填充，与中间印着小字的单栏形成反差。而粗体的标题组占据了中间三栏的宽度。

合并分栏能够产生无穷的、意想不到的变化方式。这是个简单的例子，把当中三栏合并，使用大字号的文字，与外侧细窄的边栏内容形成对比。

七分栏

七分栏中单独的每一栏实在太窄，放不下文字，但如果你想用组合多栏的方法，它可以成为你随心掌握、灵活多变的工具。

两列文字采用了两栏宽度，第三列文字采用了剩下的三栏宽度。栏宽变大，采用的字号也（应当）更大。

把四栏合并成一段较宽的文字，用来刊登一则至关重要的声明。一栏留空，只放了一张证件照和人物介绍。最右边合并了两栏，文字采用普通字号。

变化拓展举例（七分栏页面）

   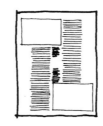  

这里的六个页面体现了某一固定结构框架下的灵活变通。关键不在于有没有无穷的排版方式，而在于表达的多样性。

只有在能清晰表达内容时，灵活多样的形式才真正有意义。

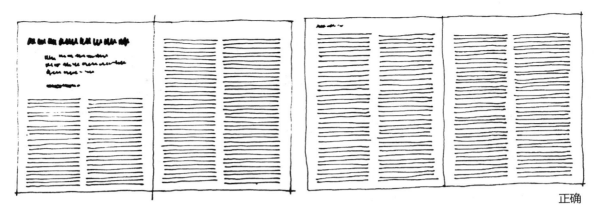

正确

1. 一篇"读物"： 这看上去是一篇颇有质量的"读物"，如果读者已经对主题心神向往，如果标题夺人眼球充满煽动力，如果作者德高望重值得恭听，那一定会有人读下去。但你不太可能让原本不想阅读的读者回心转意——这没关系！你不能指望所有人都能明白所有的事情。不是所有东西都可以、都应该妙趣横生，如果是故作姿态的有趣就更不必了，装模作样一眼就能被识破，反而会使整本刊物的可信度遭到怀疑。

10 个格式范例
体现不同文章结构

如果出版物惯常使用的网格系统需要被打破才能使故事生动有趣，那就打破它。如果始终保持一致的字体，整期刊物就会浑然一体。

错误

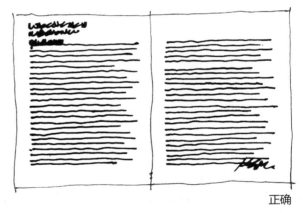

正确

2. 煽动性的信息： 想抓住读者的注意力，说服他们**渴望**阅读，一般要靠标题。如果主题非常重要，就会把标题做得尤为醒目，而信息本身则深埋在普通的行文中。然而含有重要信息的文字若能成为主导，它的重要性就可以更强烈地彰显出来。让文字成为醒目的主角，标题能够点明主题即可。如今太多标题都做得过于惹眼，大小已经失去了原有的价值。

错误 正确

3. 问答类文章： 这似乎也是一篇读来十分流畅的文章。乍一看它的形态与前例中连篇的文字类似，但它并不是平铺直叙的篇章，而是一串成双成对的单位：问题与回答。你有多少次发现自己是跳着读，只挑自己关心的问题？的确，不管是什么文章，很少有人会从头到尾勤勤恳恳地读完，分成小块的文章就更不用说了。不妨重新安排空间，使其符合文章本身的形式：把问题抽离正文，归到专门的分栏中，该分栏可以略窄些，因为问题的篇幅通常较短。效果会截然不同，好似两段文字比肩对谈，并且也可以快速浏览找到感兴趣的问题。

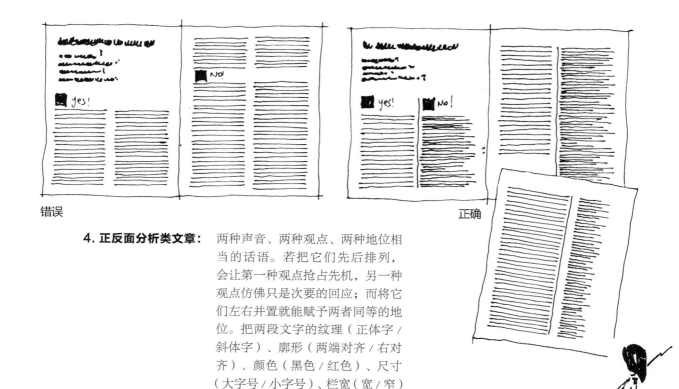

错误 正确

4. 正反面分析类文章： 两种声音、两种观点、两种地位相当的话语。若把它们先后排列，会让第一种观点抢占先机，另一种观点仿佛只是次要的回应；而将它们左右并置就能赋予两者同等的地位。把两段文字的纹理（正体字／斜体字）、廓形（两端对齐／右对齐）、颜色（黑色／红色）、尺寸（大字号／小字号）、栏宽（宽／窄）等各种差别加以扩大，从而进一步区分两者。

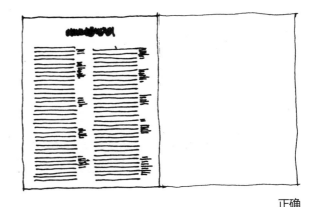

错误

正确

5. 带有评注的文字： 脚注和交叉引用一般放在页面底部的页脚处（正因此才叫"脚注"）。脚注多的时候，即便交叉引用的符号够大，很容易看清看懂，但要找到注解并与被注释文字匹配起来，仍是一件麻烦事。为什么不把它们直接沿着文章的右侧排布呢？可以采用特小的字号，像许多圣经版本中的注释一样。修改后的格式面目一新，尽显博雅，极具魅力。许多人反而会从某一段细小的脚注开始阅读，因为它们小小的十分可爱，而且这种排版处理使人心生好奇。同时，篇章看起来也不至于像一部小说的行文。

6. 带有引文的文字： 想象一下，有一篇长达三页的圆桌会议报告，包含了每一位成员的照片和他们的精彩发言。与其干扰性地在报告中安插照片和引文，不如为文字塑造出新闻价值感和思想严肃性。就让文字干干净净、清清楚楚地一排到底，因为内容是值得认真对待的（否则为何还要刊登这份报告呢？）。用一张统领全文的大图增加文章的分量。那么引文和照片放哪儿呢？把它们放到最能发挥作用的地方：横跨页面顶端，以"讨论"顺序出现。读者喜欢分成小块的内容，那就用这些小块的信息引起读者对内容的关注，而内容就需要在下方正文中寻找。

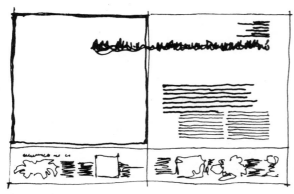 

7. 带有边栏的文字： 一篇谈论重大话题的四页长文，可以通过把子话题拆分放入边栏框架，从而优化版面。这样能使文字篇幅看上去有所减少，还能让编辑有机会运用每个文字框中有意思的小标题来吸引读者。不过，页面上散落着不协调的碎片，也可能看上去杂乱无章。解决方法：将空间分割成两部分，上方为主要部分，用震慑人心的大图、流畅易读的文字展现文章主旨；用一条细线分隔上下两部分，下方用来放置零碎信息，规模上更小、更亲切、更随意，与正文形成对比。信息就此分为两层，采用两种不同的语调。

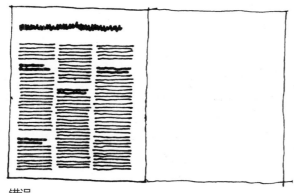 

错误

正确

8. 分组文字： 粗看之下，这像是一篇连续的长文，其中塞进了几个小标题把段落"拆分开来"。（新闻界的金科玉律：每隔 15 厘米左右要有一条小标题——不管有没有实际意义。）仔细观察你才发现这只是一个总领式的标题，下面则是几组相关文字。如果按前后次序排版，就难以快速浏览、辨别、选择某组文字阅读。不如在标题组里阐释它们的共性，随后横向排布几个选项，给出直观的线索，让人明白这篇"文章"的本质：不是一篇被拆分的完整文章，而是四条独立而彼此关联的内容。由于理解了这种语境，选择某一段优先阅读就变得容易多了（如果有需求的话）。

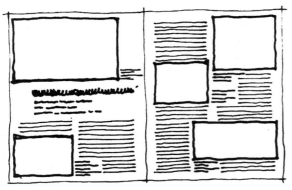
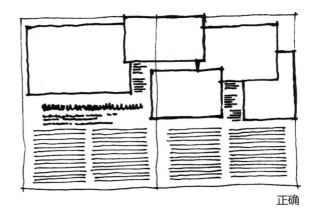

错误 正确

9. 文字与图片： 有一种十分常见的情况，文字遭受到图片这些"有趣的东西"的侵袭，就沦为了一片中性的灰色背景。图片总是比文字更有力，但包含信息的一般都是文字。我们不应该把文字"拆分开来"，让它看上去"篇幅短一点"，而是必须悉心保护具有宝贵价值的文字。第一例中的文字看上去不是很重要，需要改变空间中素材的布局：将图片单独归拢在一起，与独立的文字部分形成对立。这样它们才能实现吸引读者注意力、勾起人们好奇心的功能。文字被视作富有价值的元素，独立存在，从而拥有了一种权威和尊严感。应该把文字神气十足地呈现出来，而不是遮遮掩掩，或将它四分五裂。

正确
但唯有使用得当时才行。

10. 随机式页面布局： 你完全可以抛开所有的网格规则，将每则信息作为单独的矩形单位，组合成页面。这四页示例中，每个区域都互不关联，各自都易于辨认识别。毋庸置疑，这可以做出效果丰富的页面，但难度却极高——比简单地按照既定框架填充内容要难得多，耗费的时间也长得多。想要做好，避免让页面变成不加处理的信息乱堆乱放的样子，对编辑和排版设计的综合技巧有着异常高的要求。还有关键的一点：充分的提前准备期和足够的耐心。

边距不只是版心四周包围着的一圈废纸。把边距压缩到最小、尽可能少浪费空间，固然是一种诱惑，但也可以有意地使用边距来实现附加价值。

制造产品

在读者快速浏览翻阅书页时，边距能起到积极的，抑或是下意识的效果。这些留白的空间既稳定，又规则，给人一种舒适安心的感觉。它们还能起到类似图片边框的作用，界定、丰富、支撑、装饰其包围的内容。

我们观察物体的轮廓为我们识别它们提供了关键线索。这不是一个有意识的过程，而是与生俱来的认知方式。

这是什么？

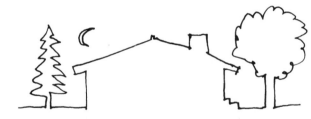

显然这是个 ···

难道还会是别的吗 ·····················

讲述故事

每一页边距的重复，将我们对形状的认知方式转化成了有效的工具，它能将零碎的部分焊接成整体。与之看似矛盾的是，通过偶尔打破这种稳定性，又能带来惊喜。打断习以为常的框架格局，就能用边距故意挑起读者的好奇心，将他们吸引到这一页的文章中来。

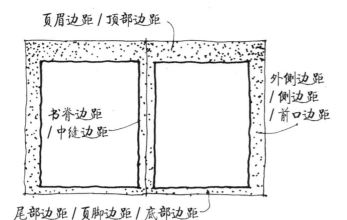

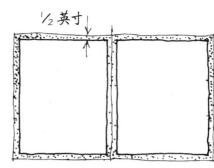

边距不一定需要按照标准设为 1/2 英寸（1.27 厘米）宽。这只是依据经验得出的最小宽度，这样能确保出版物在装订之后，不会把重要内容裁剪掉。

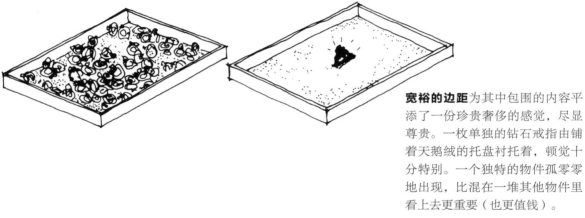

宽裕的边距为其中包围的内容平添了一份珍贵奢侈的感觉，尽显尊贵。一枚单独的钻石戒指由铺着天鹅绒的托盘衬托着，顿觉十分特别。一个独特的物件孤零零地出现，比混在一堆其他物件里看上去更重要（也更值钱）。

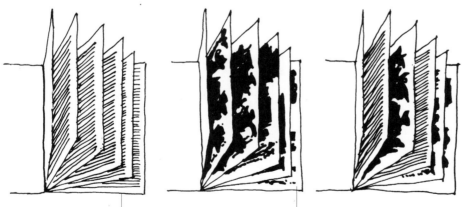

外边距构成了一种式样，在翻阅书页时会对页面的边框形态有所预期。经过把控，它们具有相当一致的规律性，成了整个编辑包装策略的一部分。这点与广告形成了对比，广告页的边缘通常更不规律。

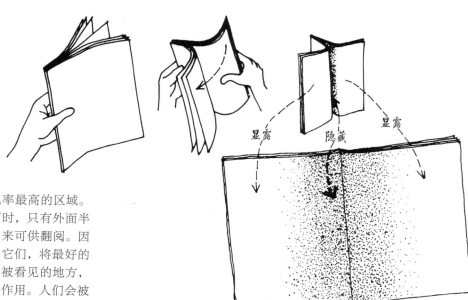

显露　隐藏　显露

页面外侧是能见率最高的区域。当我们手持书页时，只有外面半边的页面显露出来可供翻阅。因此要尽可能利用它们，将最好的内容放在最容易被看见的地方，从而发挥最好的作用。人们会被图片、醒目的（内容有趣的）文字，以及各种小块信息吸引，所以这些内容就应该放到页面外侧去。

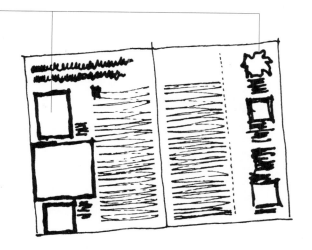

内边距的宽度会受到书页装订方式的影响。我们要为读者着想，避免较厚的出版物里的文字藏进中缝里，要把内侧边距做得比平常宽一些。骑马钉装订和胶装的书刊可以设置最窄的内边距，而平订的书刊所需要的空间几乎相当于三孔打洞机或机械装订预设的边距宽度。

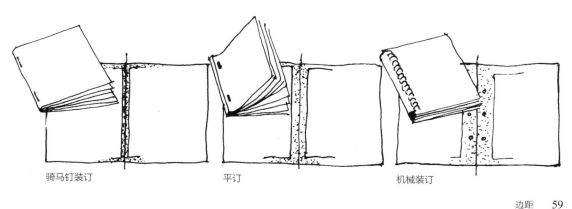

骑马钉装订　　　　平订　　　　机械装订

满版出血页面造成了一种幻觉，仿佛图片延伸到了超越页面边缘之外的空间。印刷出的部分似乎只是更大一幅图片的冰山一角。满版出血使页面在读者的想象中扩大了，这不仅强化了页面的冲击力，也增加了图片主题的力度。所以在使用产品照片时不要浪费出血边，它们原来平平淡淡的背景也只是背景而已，不如在有必要进行页面拓宽的情况下，将出血边利用起来。在这个例子中，天空往上、前景往下、地平线往左右两侧延伸至页面之外。

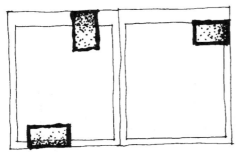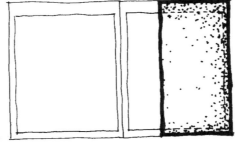

错误　　　正确

出血图片尺寸要大，才引人注意。由于它打破了边框的一部分，读者预期看到的版面格局会遭到少量削减，而图片的分量却给这样的破坏提供了充分理由。所以要避免无足轻重的微量出血，干脆让它大出血。

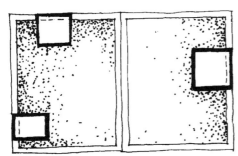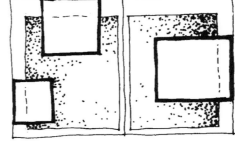

错误　　　正确

不必用一张小图片遮盖狭窄的边距——这样的雕虫小技无法引起注意，不足费心。想要达到最显著的效果，就要用巨大的图片遮盖宽绰的边距。

把上边距设置得比你预想的更宽些。这不是浪费空间，即便这些地方足以再塞下几行文字，但页面文字上缘越靠近顶端，页面效果就越压抑而显得咄咄逼人。充裕的"深潜式"上边距为出版作品创造出轻盈放松的感觉。这段空白也更适合用作各种指示标志的背景，因为在宽裕的空间中，标志会更醒目。

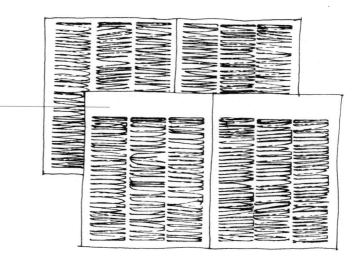

测定书籍边距理想比例的传统方法： 1）画对角线；2）根据自己的想法设置外边距；3）外边距线与对角线相交处为页脚边距线；4）内边距为外边距宽度的一半；5）内边距线与对角线相交处为页眉边距线。图中用两种不同情况演示操作。

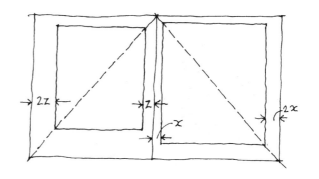

留出特别宽的一长条空间（像老式的"边注栏"，用于书籍注释）放置补充材料，比如作者肖像照片、简介、署名行、脚注、交叉引用、地理位置图等信息。

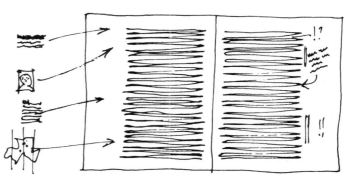

打破框定的区域，将内容放到周围空间，把读者注意力吸引到挂在外面的这些生动的元素上。就像一张图表中截出边界的醒目的元素会让人的目光聚焦，同理，也可以对书页作一番处理，运用这个挑动好奇心的技巧达到良好的效果。

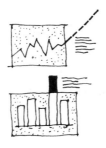

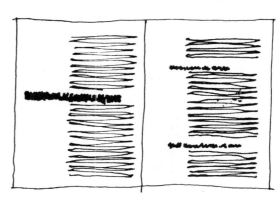

让各分栏对齐的上边缘与参差的下边缘形成对比。 有冲突,才有戏剧性。把文字段落的上边缘想象成一条晾衣绳,悬挂着各种各样形状的衣物。如果上边缘精确地对齐,下边缘参差起伏的形态就具有了活力。分栏的长度必须相差悬殊才能显出你是有意为之。只差一两行,看上去像疏忽大意;相差五六行,才看得出良苦用心。如果上下边缘都参差不齐,就会产生全然不同的效果,反倒有可能成为另一种实用的式样。

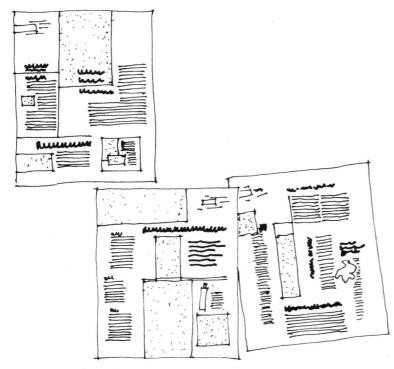

另一种取代规则边距的方法就是:无视边距。 内容可以在空白的空间里自由流动,把空间当成无色的背景,图片和文字单位就在背景上随机排布,每个单位被视作相互分离的信息区域。如今页面排版已经相当自由,不再像过去机械排版(甚至照相排版)时代那样依赖和受制于分栏结构。打破条框的约束固然不错,如果能够仔细操作的话——然而并没有看上去那么简单。一旦抛弃了标准边距具有的可识别性,就得冒着内容空间难以识别、凌乱似广告页的风险。必须权衡利弊之后再做决定。

不要认为空间（也就是空白区域）好像就是无色的、无足轻重的背景。它实则是潜力无限的宝贵资源。正如阴阳之间的关系，没有白纸就没有黑字。

制造产品 | 空间总是在那里，等着我们利用——只有在能清晰表达内容时，灵活多样的形式才真正有意义。如此便知，空间是无价之宝，它是可以无穷变幻的工具，但除了纸张成本之外，不会多费一分钱。应当赋予空间重要的地位，把它当成沟通思想的助力搭档。

此处间距的作用

有效地分隔了

上面"制造产品"的段落

和下面"讲述故事"的段落。

显然，

它没有必要那么深，

但这也是可以接受的，

因为这只是

一个夸张的例子。

下方文字中，

则用较窄的楔形空间

分隔了列表中的

四条想法。

讲述故事 | 我们为读者提供的最高级的服务，就是尽可能替他们完成脑力工作——简而言之就是，**清晰地呈现他们所需的信息**。因此：

1. 关注信息是否针对目标观众。

2. 加以编辑，挑选出让他们着迷的内容。

3. 通过设计，突出这些内容。

4. 利用空间来组织信息。

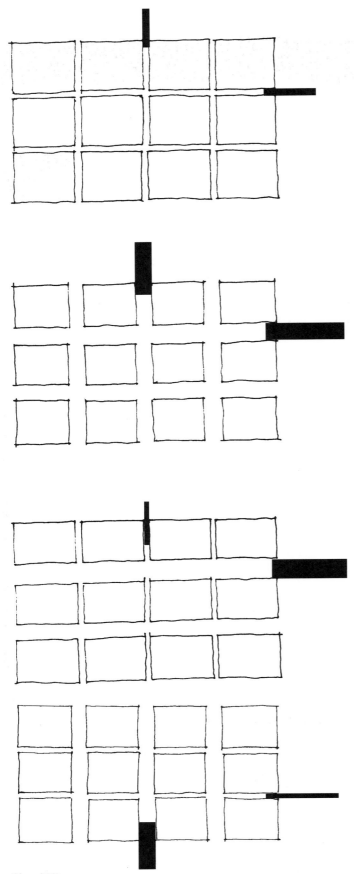

较窄的均等间距。十几个单位组成一组，彼此之间的间距相等，看上去就像是一整个大方块。如果这些单位表现的是一系列动作（1-2-3），你会从左到右逐行阅读，还是从上到下逐栏阅读？这是无法确定的，因为它们几何式的排布并没有给你任何线索，单位之间等量的间距也缺乏立场和暗示，帮助甚微。（只有研究了这些内容本身才能够推断出大概的逻辑顺序。）

较宽的均等间距。间距增加了，理解程度是否有所不同呢？并没有——无非是让簇拥的方块变得疏松了一些，迫使每个单位缩小到可能局促的程度。主导性的元素仍然是那一整个大方块。

不均等的间距。一眼看去，无需思考分析，也不用数，你就知道这里有三层分隔开的单位，你会从左到右地去阅读；而下面的页面则分为四栏，每栏有三个单位，你会从上往下阅读。

将元素孤立在空间中，能让它顿显身价。 单独展示的对象带着孤傲的光环，给人显要之感，因为所有的竞争对手都靠边站，挪到了包围界定这块空间的框架之外。为对象预留的空间越大，对象本身越小，就会产生越强烈的对比，从而给人营造的价值感也越高。

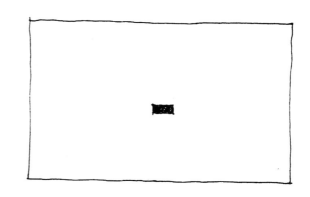

拥挤的空间会降低单个元素的价值。 每个小组件在这里都显得不怎么宝贵——瞧，有那么多呢！它们的数量，它们堆成一团的样子，让它们显得普普通通，无足轻重。但这也在很大程度上取决于上下文的语境，以及你想表达的意思，一大堆琐碎的小组件也可以成为一个引人注目的大群体。

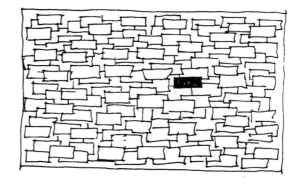

随机放置。 元素之间的空白无需严格对齐，或是精确地达到几何平行。如果组成整体的小单位都是差不多的形状，那么不规则的元素关系产生的效果可以和规则关系一样易于识别。这个例子中，尽管所有元素到处随意放置，但整个组合还是被分割成了明显的四"栏"。

充分利用横纵对比。 横纵两种方向是一张页面构成的基本要素，让它们相互碰撞，会擦出许多有趣多变而令人惊喜的火花。横与纵，哪个**更好**？并无定论。对形态的选择取决于图片素材的特点（超宽的风景还是超高的长颈鹿照片）、意义和意图。窄栏要使用小字，宽栏要使用大字。

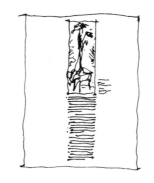

狭窄的空间使内容黏合，宽阔的空间则使内容分离。 你可以充分运用这一对比关系，界定、结合或分隔页面内容。将关联信息尽量紧密地归拢到一组，保证视觉上的融合感；在不相关的元素之间则保持足够空间，加以区分。

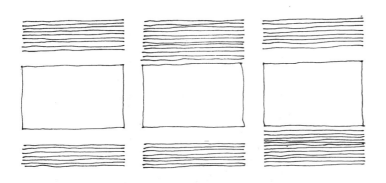

距离说明了关系。 左边示例中的图片悬置在上下段落之间，由于上下空隙相等，它并不"属于"任何一段。中间示例中的图片归入上面一段文字，系事后添加的附笔。右边示例中的图片则属于下面一段文字。（图片能够吸引注意力，应当作"开启思路"之用。三个例子中哪个在这方面最见效呢？）

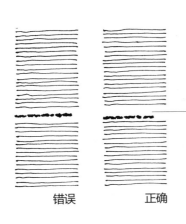

错误   正确

标题上方留出更多的空间， 标题下方留出较少的空间，使它们看上去属于下方文字。在行文中出现的小标题若安插在上下段落的正中间，则不偏向于任何一段，但小标题的功能是将读者吸引到下文，如果能做到上下空间不均等，且明显更靠近段落开头的话，才算成功。

错误   正确

将元素之间的多余空间挤出来， 把它们凝聚成大块的余白，作为文字和图片的陪衬。这样能使页面的各组成部分更加紧凑。宽松的处理通常没有什么好处——效果只能是松松垮垮。

把标题设置为左对齐，就能在右侧空出一段十分有价值的留白。在大块空白区域的反衬下，深色的文字更为突出。而将标题居于文字栏中央，会把这块宝贵的空白分割成微不足道的两半。

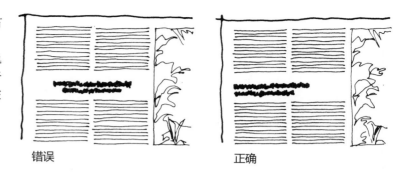

错误　　　　　　　　正确

在已经设置为居左对齐、右侧参差的段落上方，**标题不宜居中。**在右边缘像被啃过的文字栏上面将元素平衡对齐，不仅看着不舒服，还会导致空白空间零碎散乱（就连画一条竖线也补救不了）。

错误　　　　　　　　正确

图片说明文字宜居左对齐、保持右侧参差，分多行短文字堆叠起来，而不是把它们沿着图片的边一字排开铺满。让不加拘束的说明文字与一板一眼的正文段落形成反差。它们毛糙的边缘带来了透气的空间，为页面增色不少。明与暗、虚与实的对比，成为整个布局的点睛之笔。

要不，露出一块吓人的"封闭空间"怎么样？——这是我们一直被教导不可触犯的大忌。但不妨忘掉那些规则，它们有可能会误导你。从定义上来说，起到有效空间区分作用的一块或一长条空白，显然都是"封闭"的，鉴于它是元素之间的障碍物。如果你需要的就是障碍物，那就大胆地把它放上去，不管它是不是封闭空间。要运用你的常识。

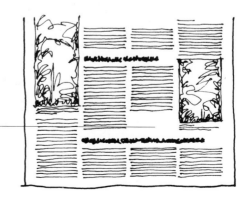

没错，这就是一块封闭空间，作用无他——只能让人注意到它本身。切忌。

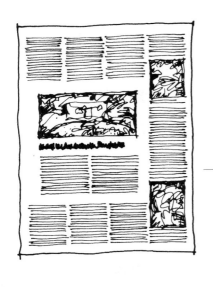

利用空白凸显价值。并不一定要在某个对象周围留出大量空白才能让它脱颖而出，只需要比正常情况多一些留白，或者比页面上分隔其他元素所用的空白多一些即可。窍门就是，让略宽的空白与正常略窄的空白形成比较。

包围对象的空白部分必须具有清晰的几何边界，才能创造强烈的对比。想实现需要的视觉冲击力，空间四周就不能模模糊糊，边角需齐整、利落。

错误

正确

利用空白引导读者。包含多篇文章的页面需要加以布局，帮助读者浏览。元素之间的空白越规则——页面的装嵌就越乏味——起到的帮助就越小，页面也显得越不友好。

然而空隙变化越大，单独一块信息就变得越明显，整块大页面被拆解成零件，读者会本能地明白什么内容是属于哪里的（这一点总是有帮助的）、需要多长时间能读完。

篇幅小的、快进快出的部分总能获得最高的阅读量。人们总是会先读短篇，因为所需的精力最少。而包围在短篇周围将其隔开的空白，能够让它更为醒目。

页面不是像绘画那样挂在墙上让人欣赏的物件，而是一系列事件，或是环环相扣的链条，因为多页面的出版物就是一本**合辑**，连续的整体通常（或应当）比单独部件价值的总和更大。然而当你翻阅杂志时，你仍会意识到一种单调性，它缘于刊物固定的尺幅——同一张竖直页面的形状不断重复。

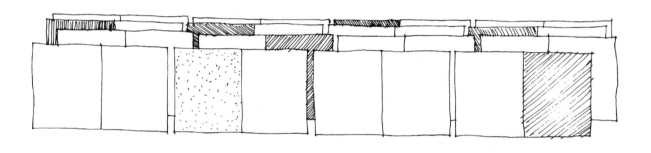

制造产品　我们要打破单一纵向页面的桎梏，在阅读体验的关键节点设置一些出人意料的幅面，给人带来惊喜。实在没有办法时，至少可以用一张大图横跨中缝占据两页，摆脱纵向的比例。这样能促使刊物更具多样性，更为有趣。

当我们处理的不是纸张页面，而是网页时，初始的比例则是横向的，页面不是横向往两侧延续，而是纵向往下滚动。
同样的原则对两种媒介都适用：需要从全局考虑，充分挖掘丰富性。

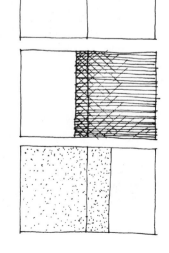

讲述故事　把重要的元素放大、做得醒目，让人的注意力聚焦在上面。有意将材料组合横向放置在更宽、更具有感染力的跨页上，强调重点内容，使文章更为生动。大幅图片更具有力度，也更容易被记住。

接下来五页的技巧示例排列不分先后。每个沟通问题本身都孕育着各自的解决方案，而共同的关键在于要有横向思维。

横向思维可以举出无数种千变万化的例子。每一种情形都是不一样的，因为每一篇文章都收集了不同的原材料，抱有不同的目的，需要运用不同的强调和比例，无常规可循。但这也让出版物制作的工作充满乐趣。这里我们引用"对比"一章中逐个分析过的几种页面布局，把它们放在一起，就是为了强调多样化的重要性。

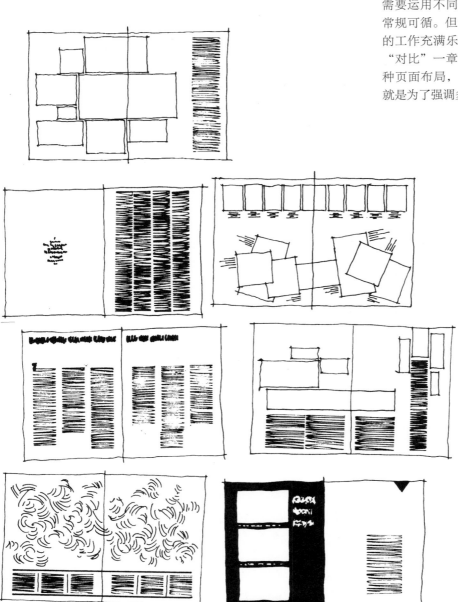

将人物肖像的眼睛对齐在同一水平上，哪怕图片的形状不能对齐。地平线（或者说视平线，鉴于这里没有明显的地平线）对我们人类来说是至关重要的参照物。它本质上可能是潜意识的，但在由书页构造出的幻象中，你可以有意识地利用它来创造舒适的、妥帖的感受——以及拓宽视野的效果。

在左右两页中使形状相互呼应，或构成镜像。须是较小的形状，才有充分的空白背景来凸显形状引人注意；须是简单的几何形状，它与背景的关系才更明晰。如果两块形状看上去一模一样，那么无论是其中的内容还是两者的背景都不需要再重复了。图对文，黑对白……正是在"对"的关系中，催生了两者的联系。

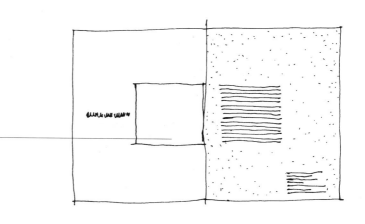

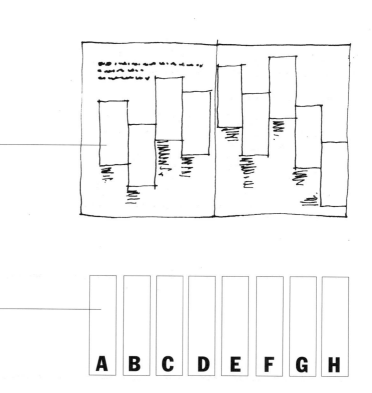

横跨左右两页的一连串元素需形状相似、大小相当。只要形状本身足够易于辨认，就未必需要对齐。（何况这些小方框若不是上下错落，效果可能太单调。）若是形状中的内容也相互关联（比如都是高花瓶、人物全身像、长颈鹿家族的图片），它们在横向之间的联系就更为显著。

满版出血的图片非常吸引人，它涵盖的广阔空间仿佛满溢到了纸张的边界之外。可以在当中插入一张小图片，形成对比，增强它的冲击力。

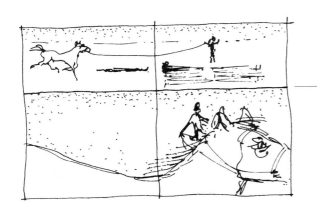

当空间被分割成两条横片时，超宽全景图片便具有了加倍的戏剧感。如果能让两幅图片一唱一随，吸引力就更强，就像这个例子，上图是驯马的远景，下图则是一幅超近特写。

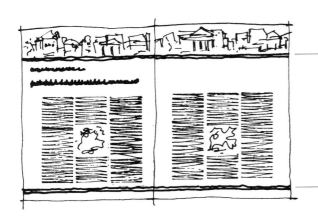

用长条的色块、粗壮的线条等**图形元素标示页眉页脚的分界线，**从而强调空间的横向特征。如果你在上方的空间里用一串小图片之类的作为饰带，对比就更加明显。每块页面文字中央的方块仿佛甜甜圈的小洞，正方形和横向空间形成了反差，让整个页面充满活力。

顶着页面两侧的对齐横线，能最基本、最简单、最起码地明显起到拓宽作用。

色彩会自觉地联系起来。 如果在一侧页面上有个红心，另一侧有一只红色大龙虾，共有的红色会暗示两者彼此联系，不管是否合理，要利用这种本能的好处，归纳和整理信息。在周围没有其他色彩形成冲突、混淆你所要表达的关联信息时，这种方法是最有效的。

要利用我们从左到右阅读的习惯， 以及从而形成的固有方向感：从……到……随后……接着……最后。从左到右的顺序有着内在的逻辑，具有直观的传达效果，并且在阅读过程中帮读者建立起了对横向尺幅的感觉。

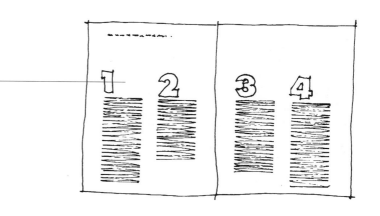

在左右边缘处留出空白， 能让跨页看起来更宽。用跨页的中心空间放置一张具有戏剧感的图片，这里的人物轮廓紧紧抓住了周围的白色空间，将其转化成为所用的背景。沿着轮廓排布的文字进一步加强了效果。

两张较小的图片同样能达到拓宽视野的效果， 只要它们的主题有显而易见的紧密联系，两者概念（雨和伞）就能统一。但是不要掉进一页一图的圈套。让主图跨过中缝一些。

把一张大图分成两块，并且隔开，将其中一块推到右侧，在其中腾出空间插入一栏描述性文字。

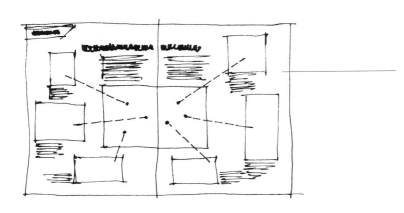

用围绕在四周的引线标注来延伸某一焦点的范围。这一例中，尺寸中等的聚焦区域位于中央，被引线标注包围，标注内容是主图各个部件的放大特写。一组小单位可以和一个巨大的单位显得一样大，只要它们之间有合理的关系。

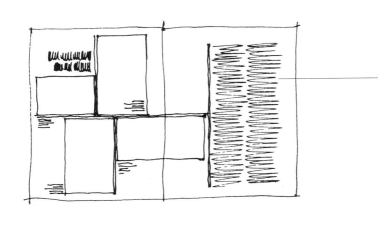

让图形元素的一部分越过中缝，并且能清晰认出它是属于某个整体的一部分（例如这里似旋转木马状分布的图文）。这要求整体周围有足够的空白，让人一眼就注意到其中的手法。

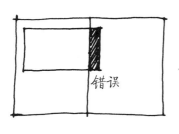

错误

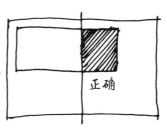

正确

让图形元素的一部分越过中缝，并且这部分要够大、够明显。若只越过一条窄窄的边，虽然聊胜于无，但也没有太大价值。

运用图像之间的暗示，将左右两页关联起来。人物图像是无需解释的，尤其是有人脸（表情）和双手（动作）的时候。毫无疑问，这位女士和她唯唯诺诺的丈夫之间正剑拔弩张。

右上朝着左下，与通常我们从左到右阅读页面的顺序相反，所以效果还不够突出，不如……

左上朝着右下，符合正常的阅读顺序。一切都取决于人们沿着哪个方向看。

抓住引起好奇心的因素。人们会好奇其他人在看什么，故而会顺着他人的目光看去——哪怕是在图片里。如果他们恰好在跨页的一左一右，瞪着彼此，那么这两页在读者的印象中就钉在了一起。

把好奇心定律拓展一下，故意让画中人朝着右边页面向外看，使页面意犹未尽地延续到反面。这又打破了出版界的另一条金科玉律：人会往跨页中心看。没错，不过么……

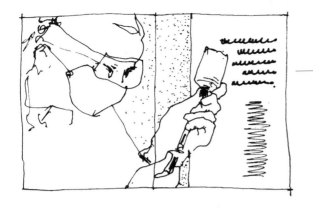

发挥从左到右阅读顺序的作用，还远不止此。示例中朝向右方的图片只有一部分用背景衬出轮廓，使手持药瓶的焦点部分突破图片右侧的边界跳脱出来，叠加在白色空间上，还与标题撞在一起。视觉与语言的相互作用之密切，由此彰显。

用求知欲将页面关联起来。照片里是一个孩子在看，于是标题第一个词就用了"看（look）"，两者在视觉上和语义上都有联系。要记住，无论是第一次读到这里的读者，或者是你意在吸引的读者，都不知道你要说什么，你最好用简洁明了的方式加以说明，否则他们不会理解。

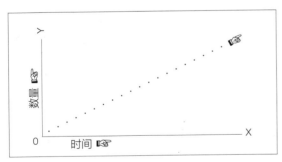

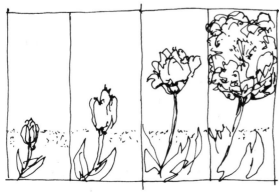

用整个跨页绘制一张"图表"。我们通常将一个坐标中从左到右的方向理解为 X 轴（一般设置左端为原点，表示时间变化），辅以 Y 轴（一般从原点垂直向上延伸，表示数量变化）。图中的花朵随着时间推移从左到右越长越高，直到绽放。我们会觉得理所当然，因为它已经成了我们视觉语言的一部分。

制造产品 | 宏大感就像是喊叫，喊得越大声，听者就以为你的信息越重要。在印刷上，我们假定凡是尺寸大的内容（尤其是文字）都是重要的。对价值的暗示，是重要的一种强调手段，不应该滥用，否则就会失去它的影响力，让刊物页失去可信度。

尖叫!

Scream!

Whisper
细语

如果你用大小作为音量（也就是重要程度）的标准，那么想象一下"尖叫"这个词会是多么震耳欲聋，"细语"这个词是多么微弱无力。如果"尖叫"一词用黑色粗体文字印刷，"听上去"就会更响，但这个例子的目的只是比较**尺寸**，因此尽量采用了轻描淡写的浅色，防止它主导整个页面。

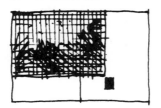

图片的尺寸也有一模一样的暗示意义。图片越大，我们就以为它表达的主题越重要；图片越小，它比起主图来说就越显次要。

讲述故事 | 把响度／尺度留给重要的内容。这是对文章具有重要意义的手法，能帮助传达要点，它与读者是相关的。但是不要以为只有放大才能强调，换种方式思考：想让人注意到某物，不用把它放大，反而可以将周围元素缩小。

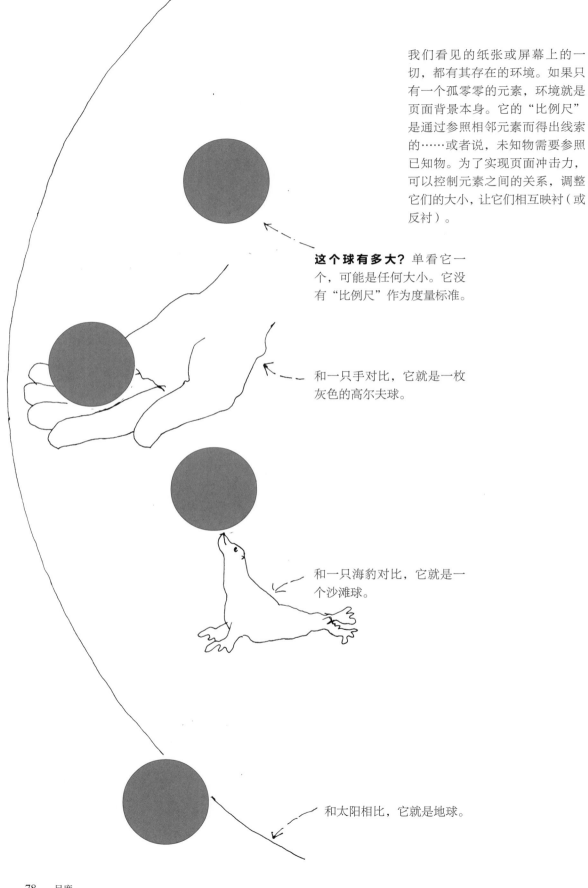

我们看见的纸张或屏幕上的一切，都有其存在的环境。如果只有一个孤零零的元素，环境就是页面背景本身。它的"比例尺"是通过参照相邻元素而得出线索的……或者说，未知物需要参照已知物。为了实现页面冲击力，可以控制元素之间的关系，调整它们的大小，让它们相互映衬（或反衬）。

这个球有多大? 单看它一个，可能是任何大小。它没有"比例尺"作为度量标准。

和一只手对比，它就是一枚灰色的高尔夫球。

和一只海豹对比，它就是一个沙滩球。

和太阳相比，它就是地球。

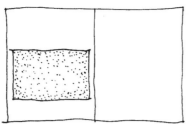 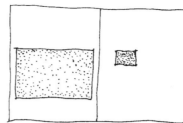 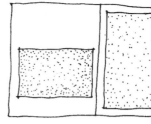

与小对比，才能称其为大。左例中的图片没有大小比例概念，缺乏冲击力，因为它没有参照物，只是放在那儿而已。为了让它看起来更大、更吸引人，可以在旁边放一张小图，它顿时看起来大了许多，尽管它的长宽并未发生变化。反之，如果你想让它在视觉上小一些，就在旁边放一张大图，它就会神奇地缩小。

（此处问题：只有大雾才会像这些灰蒙蒙的方块一样，而在实际工作中你需要把图片内容的**比例尺**也考虑在内。）

利用整个空间，制造尺寸错觉。一个词可以缩得非常小，放在那么大的空间中仿佛一颗宝石，周围的空白成了它的衬景。或者也可以把它撑得巨大无比，致使页面空间几乎无法容纳它。两种效果都是依靠前景对象和背景之间的关系来实现的。

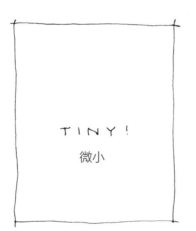

实物大小的图片。在一篇讲茶的文章里，茶杯和茶包的图片别缩得那么小，如果有空间的话不如放大到实物大小；在页面细小的文字篇章中，全尺寸的图片效果十分震撼，出乎意料的反差赋予了图片冲击力，出奇制胜。

错误

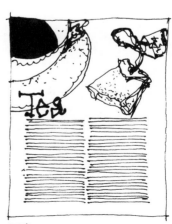

正确

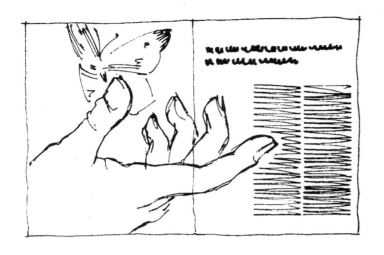

超过实物大小的元素。比实物大小还要震撼的,是放大到格格不入的尺寸。在上下文中,不经意间使用这种技巧,会产生惊人的效果;想象一下,这是权威期刊上登载的一篇有关轻质材料的严肃的科技报告,使用了蝴蝶的图像展现"轻盈"感。(我们在时尚杂志中对这种方法习以为常,巨大的眼部彩妆特写不仅仅是为了强烈的效果,还起到了展示化妆方法细节的关键作用。)

展示字体 / 正文字体。标题概括主旨,正文展开详述;用于展示的内容一瞥即过,正文则需慢慢阅读;标题吸引了读者的注意力,紧紧勾住读者,正文展开漫长的细节。展示字体越大,喊得越响,人们就以为这件事越重要,因此文章的内容应当名副其实,否则大张旗鼓的吆喝就失去了它的价值,成了空喊着"狼来了!"的噪音。这个道理显而易见,却常被忽视——因为大字本身看上去就煞有其事。

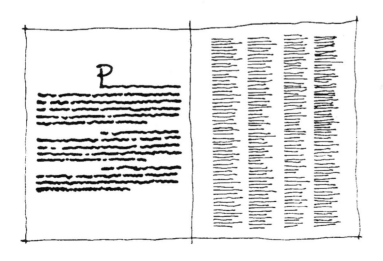

大字号 / 小字号。你想都不用想就知道,左页包含的重要信息远远多于右页。它用的字号更大,版面灰度更深,每一行文字更长,势头远远盖过了右页那些鸡毛蒜皮、无关紧要的内容。

尺寸暗示重要程度。要将核心论点挑出来加以强调，让读者注意到最主要的问题。如果所有的内容尺寸相当，在视觉上毫无亮点，很有可能这篇文章就会被忽略、跳过，**因为它的价值感得不到凸显。**它对潜在读者的价值没有在编辑排版过程中被"推销"出去，只是不加解释地罗列了一下内容而已。读者得为自己去寻找价值。

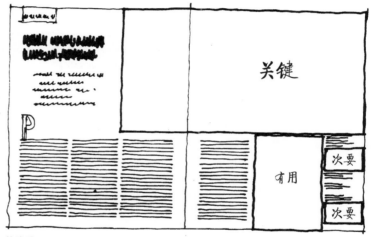

修改前

编辑与设计需协同工作。要让重要的见解、巨大的配图尽可能地占据主导地位，把它们撑得丰满些，随后用较小的辅助性的图片加以解释。这两页在传达信息方面更直白而富表现力，看上去也更生动有趣，引人入胜。同时先前较弱的设计中挤得满满当当的文字，在这儿也能安置妥当。正文字号和"有用"的图片尺寸保持原样；"次要"的图片被缩小了，标题周围的空间也压缩了；"关键"的图片则扩大至出血范围外。

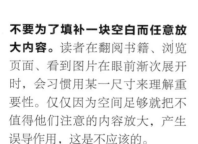

修改后

不要为了填补一块空白而任意放大内容。读者在翻阅书籍、浏览页面、看到图片在眼前渐次展开时，会习惯用某一尺寸来理解重要性。仅仅因为空间足够就把不值得他们注意的内容放大，产生误导作用，这是不应该的。

切忌将所有的文字都缩放到某一固定宽度。文字越大，它就喊得越响；文字越小，它就越悄声细语。要聆听尺寸给你的暗示，用它来强调道理，而不是把它当成一个平面设计的技巧，只是为了做出一个干净的长方形罢了。难道 THE 这个冠词比 UNDERSTANDING（理解）更有意义吗？

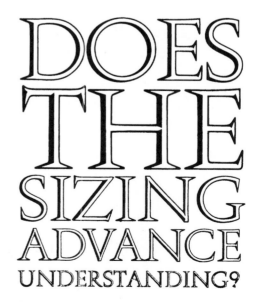

DOES THE SIZING ADVANCE UNDERSTANDING?

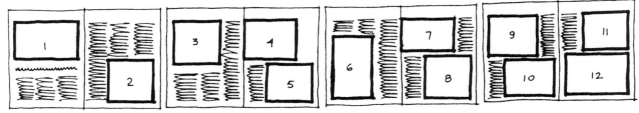

修改前

不要将所有内容都做成一样大小。
这一堆内容排版如此均匀，彼此之间又有何对比价值呢？这种表达不出观点的中性效果，再乏味不过了。编辑必须引导读者得出某种结论——而尺寸就暗示了价值。因此，要有所选择（这就是编辑），不要让所有内容都尽可能得大，如果你不想让页面臃肿不堪的话。

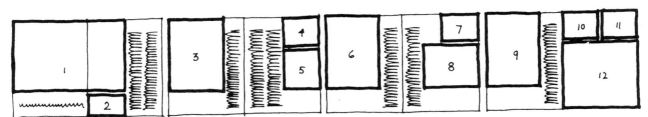

修改后

利用不同的图片尺寸以及对齐方式和出血设置。上例中同样的素材经过了重新布局，调整了尺寸，充分发挥了尺寸的多样性，凸显出了内容的价值。

错误

正确

一举两得。看看修改后阅读流程是如何简化的：文字原来穿行在图片之间，围绕在图片四周，而现在它们形成了干净、端庄的分栏。

制造产品　把页面想象成路边的广告牌。它的目的是在人们以 90 公里时速行驶时，第一眼就被吸引过去，并且获得它传达的信息。飞驰而过的路人并不知道——大概也完全不在乎——广告牌上写了什么，却必须

被它震撼，

被它迷住，

被它勾起兴趣，

而且渴望得到更多信息，

讲述故事　漫不经心翻阅书籍或者浏览网页的读者，一旦定下心来阅读后，效果反差等夺人眼球的技巧就不再重要了。它们已经完成了把读者吸引进来的任务。

反差是怎样起到效果的？页面上没有任何东西是在真空中存在的，读者瞥到它，也看到了其他混杂、彼此联系在一起的东西：页面本身、标识、字体、图像、空白、它们的相互关系、前面几页，还有后面几页。读者得整理这一大堆信息，而且要**快**。

正因如此，让重要元素脱颖而出、把辅助元素放进背景，是非常必要的。那么谁来决定哪些元素该放在哪儿呢？是由设计还是内容来决定呢？很显然，编辑／设计师的协作思维能够创造出最打动人的效果。其间会不会有争执呢？当然会有，但这正是有意思的地方。

最直白的一招，就是把标题做得又大又粗，比周围的文字惹眼许多，不过这个方法太原始了。还有无数种更具想象力的方法可以实现这个目的，它们都超越了承载信息的素材本身，这里的九个例子可以说明方法的多样性。

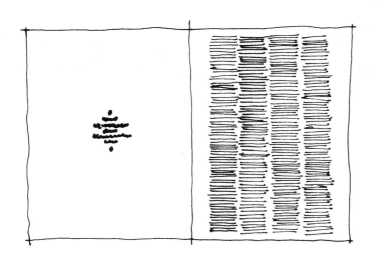

空与满的反差。短小的文字信息飘浮在巨大而奢侈的空白中央，与右页密密麻麻撑满四周的文字形成对比。左页会吸引 100% 的注意力。如果对比足够强烈，阅读率也会是 100%——信息量之少，不足一瞥就能读完。要利用这条短小信息的内容，把读者吸引到右页中来。

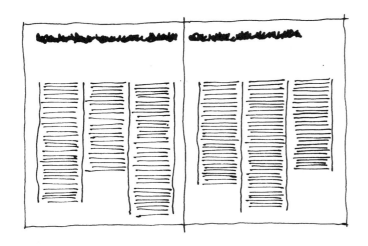

对齐与错落的反差。文字栏的上侧精确对齐，上方的大片空白进一步反衬了它们齐整的边缘。栏中的文字像晾衣绳上的衣服那样悬垂下来，长短不一。整齐划一的边缘与参差不齐的边缘形成对比，充足的空白空间使这种对比格外引人注意。要做就做得明显点。

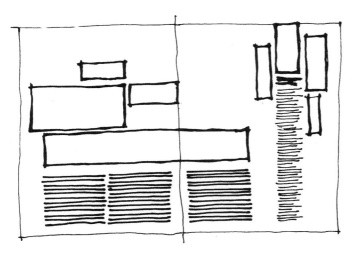

横宽与纵深的反差。页面元素不同方向的混杂放置会创造一种戏剧性，当图片恰好映射出主题时犹然：长颈鹿的图片最好是纵向，而蛇的图片则需要是横向的。（除非是一头倒地死掉的长颈鹿，一条跳起来发动攻击的眼镜蛇。那样的话就要用不同于往常的比例，增加其戏剧效果。）

横平竖直与倾斜角度的反差。我们通常觉得页面都是竖直／水平的直角几何图形，因为见惯了。（屏幕形状则是水平／竖直，但直角仍然主导着设计。）当页面还在用金属活版手工组合排版时，很难插入其他角度的元素。但不垂直／水平的元素依然能让人眼前略微一亮，习以为常的横平竖直的单位与出乎意料的倾斜元素结合，能够创造出有趣的张力。

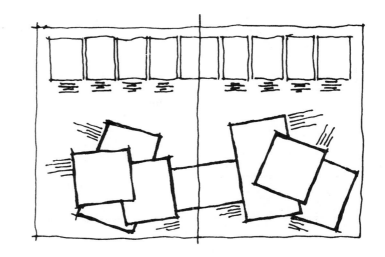

图与文的反差。图片能迅速击中人的大脑和情绪，相比之下，文字则需要花时间阅读、吸收、理解。它们是两种独立的语言，相辅相成，让我们的叙事力度更强。它们在视觉和含义方面的差异，都能为我们所用，从而增强文章自身的表现力和整本刊物的冲击力。

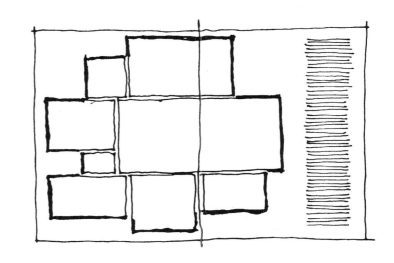

深与浅的反差。在你的脑海中，你正在翻阅一本单调无聊的用户手册，一页接着一页，都是一模一样的白纸黑字不断重复。突然你翻到的一页反转了你预期的式样：是黑底白字的。砰！想象一下你自己惊奇的表情。（但要避免出现太多黑底白字的情况，因为阅读起来很困难。）

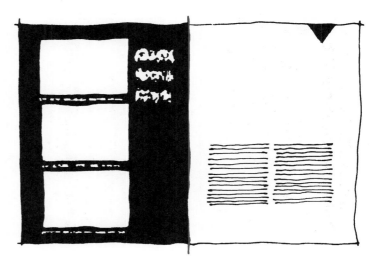

宽松与紧密的反差。方方正正、间距等宽、围墙式边框、精确对齐的边角，这些都很正常，没有问题。可是一板一眼地运用这些方法就会显得乏味。此时就需要用宽松的元素与其形成反差，它的尺寸不一定要像这个例子一样大。

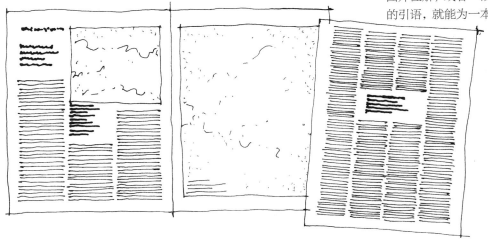

宽松与紧密的反差在微观层面也能起到良好效果。在文字分栏特别紧凑的情况下，一段边缘不整齐的图片注解，或者一段右侧边缘参差的引语，就能为一本正经的氛围带来随意的气息，形成愉悦的对比。也许反差程度并不大，不够明显，然而当你捧着刊物近距离阅读时，它就能发挥应有的作用。

彩色与黑白的反差。翻阅一本典型的杂志刊物，到处都是缤纷的色彩——也穿插着朴素的黑白页面。黑白页面会不会太保守、太乏味、太无聊？完全不会，它们反而是光彩夺目。色彩的缺失只是为某些素材制造了反差，而这些素材正与细腻的单色调相得益彰。不过，本就无聊的内容还是会一样无聊，不管用五颜六色还是黑白灰呈现它都是一样。如果它们所传递的信息空洞无物，即便是绚烂如烟火的视觉效果也永远无法代替内涵。

制造产品

任何出版物，无论是期刊、书籍、日报、通讯，还是网站，其理想形象都应当传递一种全局在握、深思熟虑、精心打磨之物的感觉。然而在现实世界中（时间永远太短、人手永远太少），要在那样理想化的、规划有序的页面上组织材料往往是不可能完成的任务。每段文字写出来都是长短不一的——而且必须保持原样，因为增删文字都会破坏文章整体。还有种情况，你面对着一堆图表、照片、插画，它们都需要用相同的尺寸，享有同样的关注度，可是风格却大相径庭。这就是你摆脱不了的现实。

此时就需要你的聪明才智了：你得自主开发出一套独特的式样（而且要大胆地用），让它在页面上具有统领全局的效果，即便素材略有瑕疵，塞进这套式样里也不易察觉。这套式样必须兼顾最大和最小单位的素材，不露声色，仿佛这些素材不单单是"各就各位"，而是向来就应当如此排布。

讲述故事

想想障眼法的规律：拆大聚小，声东击西。再想想魔术的诀窍：魔术师让你往一个地方看，实际上却在另一个地方偷偷耍花招。

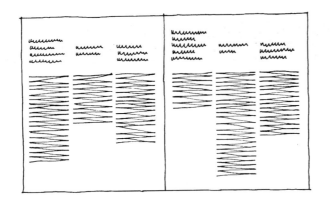

文案与标题组成长短不一的六大块，如果我们将顶端对齐的文字作为信息单元的话，效果就像这样。段落长短的反差非常强烈，但素材内容决定了这样的手法是否妥当。也许是的，但万一不是怎么办？这时你就可以用直线（比最长的段落单位还要长一点）和粗横栏制造出笼子的结构，将参差不齐的文字段落一个个安插在包容并蓄、具有视觉冲击力的整体之中。长短不均的大块消失了，因为它们的不均衡性被掩盖了。这就是障眼法的要义。

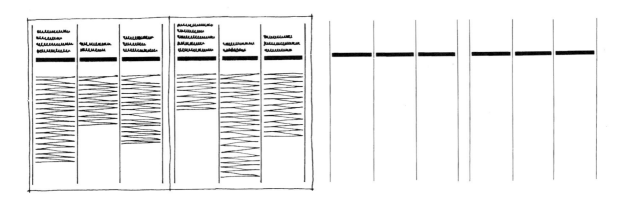

一堆大小不一的图片，长短不齐的文字，着实会变成一团糟。不妨把它们放到一个简单几何图形中精确划分出来的方框里。整体的力量十分强大，各种零碎的组件被它全部吸收了，消失在整体之中。（不过这些零碎图文最好能有组合上的逻辑。可以做一个总标题，给读者一个直观的线索，理解它们的共同之处。）

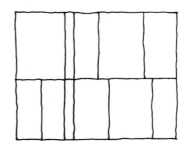

想要平衡篇幅不均的文字段落，
可采用左齐、右不齐的排版方式。
尽管它并未起到真正的平衡作
用——只不过看起来像罢了。文字
两端对齐会显得更严密，限制较多，
于是行数的差别俨然在目。而右侧
不对齐的设置，让一行文字可能是
任意长度，此时就能通过换行**强
制总行数相等**。文字右侧不对齐时，
长短的偏差就不再明显，哪怕右栏
的行长比左栏短很多。

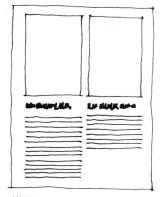 

错误   正确

这段文字展示了左齐、右
不齐段落的灵活性。较长的
一行里能放下的文字，可以
在较窄的栏里分成好几行
挤在一起。灵活挤压的特性
使你能够随意改变文字换行
的行数，于是你可以先明确
自己需要多少行文字，每行
文字长度则相应地变化。假
若你坚持要让每一行长度
相当，那么由于右侧参差
不齐，行长的差异也并不易
察觉，不及分栏的长度差异
那样显著。

This piece of text demonstrates the flexibility of text set ragged-right. The same words placed in longer lines in a wide column can be squeezed into shorter lines in a narrower column. The capacity of squeezing allows you to vary the number of lines into which the text is broken. So you can specify the number of lines you need and their length will correspond. By virtue of the ragged-right edge, the difference in line length is less noticeable than the difference in column lengths, if you insist on retaining equal line length.

This piece of text demonstrates the flexibility of text set ragged-right. The same words placed in a wide column can be squeezed into shorter lines in a narrower column. The capacity of squeezing allows you to vary the number of lines into which the text is broken. So you can specify the number of lines you need and their length will correspond. By virtue of the ragged-right edge, the difference in line length is less noticeable than the difference in column lengths, if you insist on retaining equal line length.

This piece of text demonstrates the flexibility of text set ragged-right. The same words placed in longer lines in a wide column can be squeezed into shorter lines in a narrower column. The capacity of squeezing allows you to vary the number of lines into which the text is broken. So you can specify the number of lines you need and their length will correspond. By virtue of the ragged-right edge, the difference in line length is less noticeable than the difference in column lengths, if you insist on retaining equal line length.

（关于一行文字
应该多长才适宜
阅读的问题，在
第 104 页 另 有
讨论。）

左齐右不齐的排版，当几个分栏
并排时，可能会让页面看上去略
欠整洁。因为右侧起伏的边缘（原
本使单词间距规律统一，文字易
于阅读）制造了杂乱的空白空间。

而插入竖直的分隔线后（随便是
点线、细线，还是彩色线条），
就创造出了一种几何秩序感，解
决了这一问题。

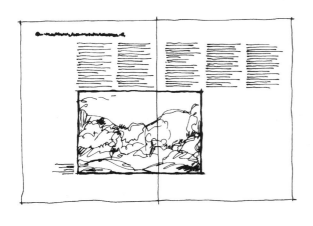

想要让任何元素得到最大程度的关注， 就把它放在页面最上方，这是头等位置，是人们最先看到的地方。如果你想用一小段朴素的文字吸引注意力，那就把它放在最上面，而不是放一张恐怕会转移注意力的图片。（若能以某种方式利用图片的吸引力，则更好些，若实在没有意义，还是把文字放在图片上方为妥。）

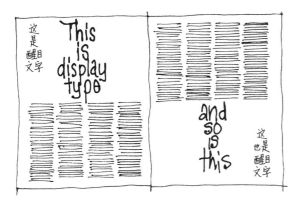

鲜明而又出其不意的对比， 如果效果十分强烈，就会将人的注意力从次要的元素转移开，集中到它身上来。夸张的排版组合营造出了障眼的烟幕，让你只注意到戏剧性的效果，而非具体内容。看到这些巨型标题雄踞在大量的空白之中，谁还在乎文章里写了什么？（当然，作者在乎，读者在乎，但在传媒行业里，有许多各不相同的目的……谁知道呢？）

想把内容藏起来不被人注意， 可以把它放在中缝附近靠页脚的位置。那些喜获奖项、握手言笑的照片最适合流放到这些地方去（而且把它们缩小点）。

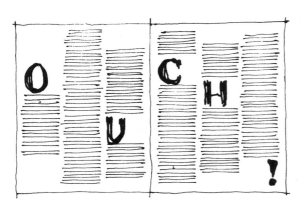

运用焦点技巧， 将目光吸引到某个"有趣"的元素上，它盖过了周围势将被忽略的内容。巨大的首字母、格外醒目的数字，或者任何让人始料不及的装饰及符号图形，只要足够震撼，就能掩盖四周的微瑕。

制造产品　如果你想用正襟危坐的气势震慑人心，那么就使用传统的、标准化的、对称而平衡的排版格式。对称版面具有严谨克制的特点，以它的体量、尺寸和熟悉的样式让人印象深刻。对称版面适用于法律文书、合同、学术期刊以及其他需要严格遵照格式的正式文本。

讲述故事　对称的方案无需多费心思，它的原则就是**"行得通，不出格，在人们意料之中"**。而事实上，对称性有碍于快速、积极的信息沟通，因为平衡是一种均势的状态，它的本质就是动态的缺失。它就像一件精神病人的束身衣，显眼的外形把注意力从信息内容转移到了外在载体上。比起外表来说更严峻的是，这样的排版很难让重要的思想内容跃然纸上。

尽管上面那张图中富丽堂皇的宫殿更加雄伟夺目，故作威严之势，但打破平衡的**不对称页面**却更为灵活，看上去也更有意思。因此不对称页面更适用于需要将思想、文字、图像等元素以最有意义和最有效的形式进行结合的各种排版情境。

在这
几行左右对称的文字中，
通过有形文字所表述的含义被强
制塞进一个任意的形状，其
形态与内涵或是行文
的
思路
毫不相干，更不用说
和语言组织方式有何关联。如果它
看上去像罗夏墨迹测试[1]，随
它去，也许样子挺俏皮，有点像蝴
蝶，
但辨认阅读起来是多么费力啊。

有形文字并不是凝结成一团的块状物，可以像砖头那样垒起来。它们是具有流动性的符号，目光追随着它们从左到右、从西到东地翻越书页。**对称的文字排版**忽略了文字的句法和词义，将它们强制塞进一个任意的形状。这个形状的对称轴仅仅是种美化的手法，而且放在了一个想当然的位置（正中间），只是为了对称而对称。而这种方法往往与内涵思想背道而驰，更糟糕的是，对称形状反而使人难以迅速地摄取文字。你不妨把示例文字大声读出来，在换行处停顿，看看这会如何影响到理解。

对称格式应用在碑文上则十分理想，完美地体现了肃静沉思的情境。这些文字本来就不是为了快速阅读理解而存在的。

这段不对称排版的文字 \\

采用左齐、右不齐的排列方式。 \\

左侧边缘是文字的前沿， \\

当目光寻找下一行的开始时， \\

就会回到这里。 \\

每一行都是完整的语句， \\

反映出我们口述时的停顿方式， \\

让文字的含义 \\

变得如此易于辨认、 \\

理解和记忆。 \\

不对称的文字排版使我们能在句末换行，反映出我们平常说话的方式，自然地表述思想，而每一行则从视觉上体现出它所包含语句的长短形态。你可以大声地把示例文字读出来，在换行处停顿，你会注意到信息变得更加容易理解了。主轴从中间移到了左侧，成了每一行文字的前沿，不仅能帮助读者找到下一行，还能促使阅读的韵律更为流畅——让读者愉悦地一直读下去。

---

1 译注：罗夏墨迹测试（Rorschach test），由瑞士精神病学家赫尔曼·罗夏编制出的投射型人格测试，由 10 张轴对称的墨迹图构成。

子标题的位置会影响阅读体验。
文章的思路以稳定的节奏一行行流动着,而子标题(或者提示标题)插入则是为了"把文章拆分开来"(让文章显得短些),这种做法并不可取。最好能够在功能上充分利用子标题,用来表示信息内容的转变。

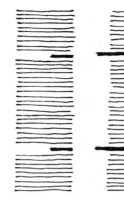

居中对齐的子标题打断了信息流(这是你要的效果),但也中断了原来稳定连续的阅读行为(这是你不想要的,因为如此严重地扰乱节奏可能会诱使读者停止阅读)。

左对齐的子标题在文中表示了思路方向的转变(效果不错),而又规避了打乱从左到右阅读顺序的情况,因为它本身就是左对齐的。它们依然是目光连续移动过程中的一部分,所以相比起居中的子标题来说,不太会打消读者继续阅读的兴趣。

右对齐的子标题离阅读流程的起始位置(文字栏左侧边缘)太远,结果完全迷失了,效果并不好,因此极少采用。

悬挂缩进的子标题(朝文字栏左侧伸出一段),尤为醒目,强调了自身的存在感。它们突兀地侵犯了文字栏左侧整齐划一的边缘,或许这是你恰好想要的效果。

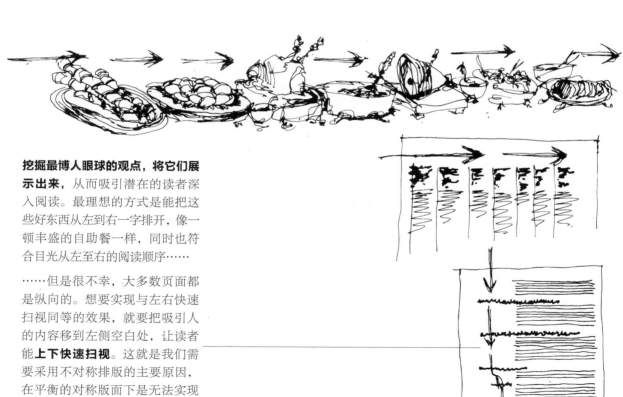

挖掘最博人眼球的观点,将它们展示出来,从而吸引潜在的读者深入阅读。最理想的方式是能把这些好东西从左到右一字排开,像一顿丰盛的自助餐一样,同时也符合目光从左至右的阅读顺序……

……但是很不幸,大多数页面都是纵向的。想要实现与左右快速扫视同等的效果,就要把吸引人的内容移到左侧空白处,让读者**能上下快速扫视**。这就是我们需要采用不对称排版的主要原因,在平衡的对称版面下是无法实现这种处理的。这也是增加屏幕页面接续流畅性的最自然的手段。

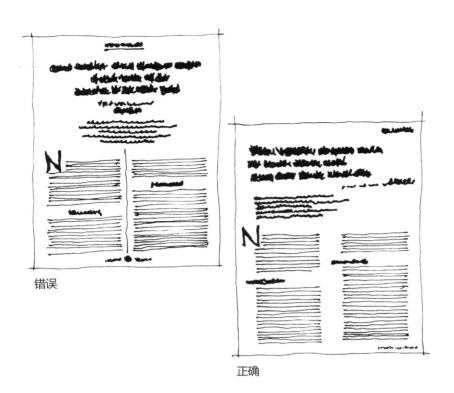

错误

正确

不对称页面构造的基本原理，是通过妥当安排空间中的元素，使内容更引人注目。运用强调（与弱化）方法，可以澄清观点，条理分明地传达思想。**对称页面构造**则营造出官方、严肃而权威的感受，恢宏壮丽，气宇不凡。要不是这种手法司空见惯，恐怕还有矫饰之虞。相比之下，**不对称页面构造**不太正式，因此也更为灵活，多变性和延展度相当高，可以针对每一篇文章的特定需求来调整。正因为不拘一格，所以对读者相当友好。

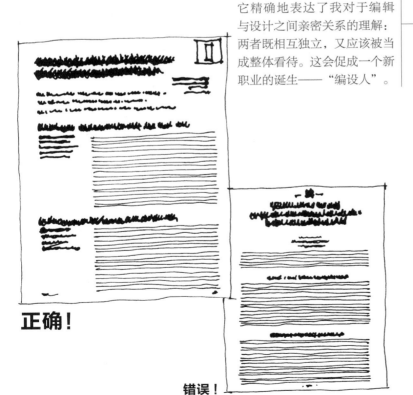

正确！

错误！

如果有人能造一个新词叫作"编设"（EDISIGN）就好了！它精确地表达了我对于编辑与设计之间亲密关系的理解：两者既相互独立，又应该被当成整体看待。这会促成一个新职业的诞生——"编设人"。

编辑／设计页面

1. 将信息拆分成各个部件单位。

2. 分别将信息单位放入速读／慢读的信息流中。速读部分以"为我所用"的风格呈现信息实质内容，用又大又粗的文字占据空间；慢读部分则专注于用次要信息和辅助信息对观点进行补充，采用较小的字号。

3. 充分利用从左到右的阅读方向以及从上到下的扫视方向，灵活运用到排版中。

这样一来，你组合出的版式才能活泼动人、富有吸引力，读者会觉得"有意思"，因为你强调了最有吸引力的部分，让读者注意到了它们。代价呢，就是牺牲了对称版面营造的正式庄严的气氛。

制造产品 字体的选择显然会影响文章的个性内涵，所以出版商对此十分在意。然而悲伤的现实是，无论选用的是 Centaur、Optima、Times Roman，还是 Helvetica 字体，对漫不经心的读者来说，我们纠结的只是一种"印刷体"。他们只会觉得"字太多"，要不就是"字太小"。

新闻记者和编辑也很少有人能精于此道，因为他们将文字放在至高地位（理应如此），而字体排印只是"艺术上的决策"而已，这是代代相传的真理，不证自明，不管有没有道理。

讲述故事 许多不喜阅读的人，总以**"难读"**为理由为自己的不情愿开脱。实际上他们说的是难以产生兴趣，难以理解，难以找到他们寻觅的内容，最重要的是，难以明白为何要费这番工夫。作为编辑和设计师，我们大家应当把字体用好，好到能成功说服读者去阅读。因此，我们必须这样来鉴识字体排印：

它是视觉化的语言：这对展示文字（标题、标题组、图片注释、引语等）的影响比正文大，因为它们正是我们最直接地抓住读者兴趣的地方。字体应当经过精心排设，表达出口语中的抑扬顿挫、轻重缓急。

它讲述着故事：这里是指稳步、长时间的阅读是一个缓慢而充满思考的流程，按照顺序线性展开，正如我们聆听演讲时的情境。

它起到解释作用：把事实信息以视觉方式集合起来，反映出写作中的文本组织和结构：用列表、表格、目录来呈现信息，使其易于理解，让人迅速接收信息。

它是图像：创作图形化的文字，能够勾起观众／读者的情感和好奇心。就像具象诗（concrete poetry），是把文字当成了图像来运用。

用这些字体总不会出错: Times Roman、Baskerville、Garamond、Goudy、Bodoni、Bembo、Caslon、Janson、Palatino、Helvetica、Akzidenz、Gill、Franklin、Frutiger、Univers、Futura、Interstate、Meta、News。（第 237 页起的附录中有 16 款正文字体的展示。）

最好的正文字体让你感到无比舒适，以至于感受不到它……它是透明的。读者千万不能意识到阅读的行为本身，否则他们就会停下来。所有普通的字体作为一般用途来说都是"易读"的，我们却会误用它们，为了追求"原创""创意"，常常无视设计者的初衷而破坏它们的易读性。在电脑上固然可以调整字形比例，但并不意味着就得这样做。

War declared!
宣告开战！

Finest lace
精致蕾丝

CLASSICAL DIGNITY
古典高贵

High-tech precision
高精科技

Friendly relaxation
友好轻松

Pushy aggressiveness
咄咄逼人

这是一款再寻常不过的字体，叫作 Century Schoolbook，就是因为它是为教科书而设计的，目的是教孩子们阅读。所以它的字形亲切而舒适。

这段文字看上去又粗又黑，引人注目，与众不同的酷炫字形，也许恰好适合某些特殊的场合。不过毫无疑问的是，每位读者都意识到自己需要吃力地辨别一番才能看懂，不是么？ 一两行还可以，但想象一下，如果是一整栏文字……

选择恰当的字体来配合主题，字体的风格应当与文字相得益彰。这一点在标题上显然更为关键，但正文字体也会营造出一种"感受"。有些字体富有学术气息，有些字体活泼花哨、新奇有趣，有些字体棱角分明、科技感十足，有些字体则老派传统、舒适自然。选择时需保守起见：你不是在为自己，而是在为你的观众挑选字体。

"好字体"的万能公式并不存在，没有规定，没有规律，只靠常识。也并不存在"对的"或"错的"字体。只要发挥作用，便是"对的"；行不通，便是"错的"。

读者对他们所习惯的东西最有好感，仅在刻意的情况下才可以脱离他们的舒适区，毕竟每一次打破常态都是有代价的。但这也并非禁忌，只是每次都需要小心谨慎，在有意义的情况下才这么做，而不是任性为之或哗众取宠。不要冲着新奇和酷炫，去使用一些怪异而个性过分突出的字体。

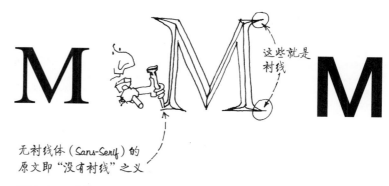

无衬线字体（Sans-Serif）的原文即"没有衬线"之义

这些就是衬线

无衬线字体没有衬线字体那样易读，不过，如果读者习惯了，应该也不会有大碍。只需保证在行间增加额外的间距，弥补衬线的缺失（衬线能帮助目光横向移动，并且分开相邻两行）。

This is nothing but good old Times Roman, one of the best fonts ever designed. It is so good that it is universal and nobody even notices it. They take it for granted. But when even such a great face is set in all-caps, you lose the reader by the third line, assuming they ever started in the first place.

THIS IS NOTHING BUT GOOD OLD TIMES ROMAN, ONE OF THE BEST FONTS EVER DESIGNED. IT IS SO GOOD THAT IT IS UNIVERSAL AND NOBODY EVEN NOTICES IT. THEY TAKE IT FOR GRANTED. BUT WHEN EVEN SUCH A GREAT FACE IS SET IN ALL-CAPS, YOU LOSE THE READER BY THE THIRD LINE, ASSUMING THEY STARTED IN THE FIRST PLACE.

这里用了经典的 Times Roman，它是设计得最好的字体之一。它设计得如此出色，因而随处可见，甚至人们不再注意到它的存在，因为早就习以为常。然而即使是这样一款优秀的字体，若是用全大写排版，就算读者一开始有兴趣阅读，也读不过三行字。

整段文字全用大写字母是极难辨认的，这是既证的事实，要避免使用。为了特别强调或追求某种风格，把几个字词用大写印出固然没问题，但如果一整段全都用大写字母，你想要强调的关键信息就会被忽略。另外，大写字母多占地方！

Just Because We Are Used To Seeing This And We Pay So Little Attention To It, Does Not Mean That It Makes Sense, Does It?

Just because we are used to seeing this, and so we pay little attention to it, does not mean that it makes sense, does it?

只是因为我们对这种做法司空见惯，不会多加在意，并不意味着这种做法就合理，对么？

全部单词都首字母大写，行文起起伏伏，则更加难以辨认，读者啃起来也更辛苦。这种方法用在展示文字上较多，用在正文中较少。不过为了批判它，有必要在这里展示一番。

整段文字都用斜体，也并不受欢迎。由于是倾斜的，人会觉得读起来不太舒服，那么为何要让这些文字不受待见呢？使用斜体应当有所节制，留到特殊的场合再用。斜体往往优雅而富有装饰性，充满了个性；它们比竖直的罗马体更纤细，作为强调方法并不突出。它们不是大声吆喝，而是轻声细语。

意大利斜体（Italic）有时也称倾斜体（Oblique），的确不假。

整段文字都用粗体，会比普通字体更难读，视觉效果过于厚重臃肿。当然，在一两行字里用粗体表示强调还是很有效的。如果你必须使用整段粗体，则需要疏松行间距，使目光能够左右轻松移动。本段文字字号为 10 点，行高为 11 点。

整段文字都用粗体，会比普通字体更难读，视觉效果过于厚重、臃肿。当然，在一两行字里用粗体表示强调还是很有效的。如果你必须使用整段粗体，则需要疏松行间距，使目光能够左右轻松移动。为了夸大效果，本段文字选用粗体……行间距为 0，即字号、行高比为 10:10，读起来尤为艰难，使人生厌。可与左侧 10:11 的常规字体作一比较。

整段文字都用粗体，会比普通字体更难读，视觉效果过于厚重臃肿。当然，在一两行字里用粗体表示强调还是很有效的。如果你必须使用整段粗体，则需要疏松行间距，使目光能够左右轻松移动。作为示例，本段文字选用粗体……增加 3 点行间距，即字号、行高比为 10:13。

Functional typography is invisible because it goes unnoticed. The aim is to create a visual medium that is so attractive, so inviting, so appropriate to its material, that the process of reading (which most people dislike as "work") becomes a pleasure. The type should never stand between the reader and the message. The act of reading should be made so easy that the reader concentrates on the substance, unconscious of the intellectual energy expended in absorbing it. Ideally, it should be so inviting that the reader is sorry when the end of the piece has been reached—though the subject may have a little something to do with that, too. 10/11 Times Roman.

TYPOGRAPHY IS A MEANS OF TRANSMITTING THOUGHTS IN WORDS VISUALLY TO SOMEONE ELSE. AVOID THINKING OF IT AS ANYTHING ELSE. IT IS MERELY A MECHANICAL MEANS TO A DISTINCT END— CLEAR COMMUNICATION. 11/10 HELVETICA. N O T H I N G E L S E M A T T E R S.

Readers have to understand the form and absorb the substance of your printed piece at the same time. This is no small task, especially if the information is complex. Keep in mind that people scan the piece quickly for its length in order to gauge the time and effort to be invested relative to their interest in the subject. Few sit there and figure out its format, structure, or how headings fit into a hierarchy. The truly committed ones may start at the beginning and stay with it to the end. Some may start at the beginning and then hop around, pecking here and there as bits strike them. Others may be caught by a detail somewhere and be hooked by that snippet into returning to the start. Every potential reader is enticed differently. 12/11 Oficina bold.

It is wise not to make the piece too intimidating. People tend to shy away from the visual complexity of five levels of headings coupled with three degrees of indentions accompanied by subparagraphs, footnotes, extracts, and quotations. Wouldn't you? The simpler the arrangement, the greater the likelihood of the potential audience bothering to pay attention. Too many minor variations are self-defeating, even if they do tabulate the information. If you must provide instructions on "How to read this article," better rethink. 12/13 Centaur italic.

Keeping it simple pays off, as long as you don't go overboard and oversimplify. That is as dangerous as making it look too complicated. The happy medium to aim for is a condition in which the piece looks easy, yet everything that needs to stand out does so. The capacity of type to mirror the human voice is one of its most valuable properties, because it can be helpful to the reader. Always think of the publication from the user's viewpoint. Make it reader-friendly by giving visual clues (the equivalent of raising your voice or changing its pitch) so they know what not to miss, but without having to figure it out. They just know because you have shown them, guided them, enticed them. Typography must be used to show where readers are, how the elements fit together, which items are dominant and which ones matter a bit less and are perhaps even skippable. That is an aspect of editing as much as of designing. That is design at the behest of the editor. 10/15 Gill Sans light.

In other words, help readers save time and energy by suggesting where they can skim and skip. With your cunning visual clues, they won't have to figure it out for themselves. Ideas will catapult off the page into their minds effortlessly. They will reward you by "liking" your publication, and announcing that it is "easy to read." They will never realize how much work and thought went into getting it that way. 6/18 Trump Mediaeval.

如果不是你自己写的，看到这篇字体风格杂乱的文章，你会去读吗？

正文字体篇章的灰度，是选择字体时至关重要的标准。看看这篇示例中深浅不一、式样各异的字体。这一整段文字对读者产生的视觉冲击，要不就是乱花迷眼引人注目，要不就是令人厌恶不忍卒读。它会影响到产品的外观以及带给人的感受。这仅仅是美学方面、美术方面、设计方面的选择吗？固然没错。但这不是高深的艺术。同出版业其他工作一样，这方面的决策应该是常识性的，建立在舒适性和感受的基础上。说到底，它不过是一种沟通方式，通过视觉个性来营造一种调性。这无疑是"你"的一部分，然而也必须吸引你的特定观众，并且让他们理解。

选择一款字体，自始至终都使用它。化繁为简，给予产品更强的个性和整体感。选择一款粗细体对比鲜明的字体，这样**粗体**会在其他常规体中充分地突出。

如果你感觉必须增加字体的种类，那么**使用风格反差强烈的字体**会达到最优的效果。避免混用设计风格相近的字体。

不要把某一些文字段落设计得友好亲切，另一些却有所欠缺，**避免内容自相竞争**。那些短小易读的文章总是比长篇大论更受读者青睐。

正文字体的字号通常设定为 9—12 点，但实际的"大小"效果取决于文字的呈现方式，而非死板的数字。不要依赖"10 点是理想的正文字号"这种不加推敲的规则（说得没错，但也不一定！），决定字母尺寸效果的是小写字母 x 的高度。拿一张和成品尽量相似的大号样张，仔细审视它的视觉效果，切记，年轻人需要——年长者更应当阅读——大一点的字号。

两段文字的"字号"设置相同（10 点），但效果大相径庭，因为小写字母 x 高度不同。第一段的 Bembo 字体比第二段的 Dominante 字体看上去小很多，占据的空间也更少。

apbx apbx

We hold these truths to be self-evident, that all men are created equal, that they are endowed by their Creator with certain unalienable Rights, that among these are Life, Liberty and the pursuit of Happiness. That to secure these rights, Governments are instituted among Men, deriving their just powers from the consent of the governed. That whenever any Form of Government becomes destructive to these ends, it is the Right of the People to alter or abolish it . . .

We hold these truths to be self-evident, that all men are created equal, that they are endowed by their Creator with certain unalienable Rights, that among these are Life, Liberty and the pursuit of Happiness. That to secure these rights, Governments are instituted among Men, deriving their just powers from the consent of the governed. That whenever any Form of Government becomes destructive of these ends, it is the Right of the People to alter or abolish it . . .

示例文本：《独立宣言》

阅读必须有流畅的节奏。 人的双眼是以从单词到单词（或者从词组到词组）的"跳读"方式运动的。单词之间的空间不均匀，就会打乱节奏，还会让文字结构疏离肢解，更难识读。

Millions over milleniums attest that deciphering this stuff is more than minimally difficult. You are aware of being forced to decipher it and very few people all of whom are in a hurry have the patience to sit there and bother to go on reading after the first few words of this self-conscious stuff which looks like a smudge on the page

无数人实证，要辨识这段文字难度不小。你感觉需要强迫自己才能阅读下去，而匆匆忙忙的人中极少数会在看了一两个字之后继续慢慢读下去，何况这段煞有介事的文字看上去就像页面上的一块污渍。

反白文字（深色背景上的白色文字）并不受欢迎，它会使阅读率自动降低 40%。何必冒这个风险？但如果必须得这么做，就要为阅读难度的增加而做出补偿，将字体放大，设置为粗体，扩大行间距。可行的话，把行长也缩短吧。

This text is in a light typeface set quite small and tight, but since it is "dropped out," "reversed," or "knocked out" from a dark background it is harder to read than the version at right.

This is set in a typeface that is bigger and bolder, since it is intended to be "dropped out," "reversed," or "knocked out" from a dark background.

这段文字选用了较细的字体，字号较小，排布紧密，然而它是深色背景上"反白"或者说"镂空"的文字，读起来就比右边的版本困难。

为了满足"反白印刷"的要求，这段文字选用了更大更粗的字体。

字体可以设置多小？ 如果你读来不舒服，读者也是一样。哪些**可以**阅读，哪些**促使**你阅读，两者之间差别悬殊。把字体放到足够大——然后再放大一号。

Now, new! Seven ways to become a sexy millionaire and live to 129!

最新消息！ 让你成为性感亿万富翁且长命百岁的方法！

Who's afraid of the big *bad* wolf, big bad*wolf*, big *bad* wolf?

Ah'm gowna hurff an' Ah'll purff, an' Ah'll blo...

字体是视觉化的语言。因此睁大眼睛，仔细听。跟随字体提供的线索，把文字读出声来，你会发现字体传递思想的感染力毫不逊于人声，它的形态说明了一切，粗细代表声音强弱，小字号是悄声细语，大字号是大喊大叫，粗细对比以示强调，字形风格凸显地方特色。

This type is very small so it looks as if it were far away and it sounds very quiet,but it sounds louder and looks bigger as it comes closer towards you and as its size grows the more attention it commands and the louder it shouts the more attention it gets

这行字非常小，仿佛它在很远的地方，悄无声息，然而它逐渐朝你靠近，声音越来越响，文字越来越大，随着字号变大，它获取的注意力也更多，它喊得越大声，越是引起注意。

大号字如同大声呼喊的重要思想，小号字则是低声细语的脚注。利用字号强调关键内容，削弱次要内容。建立起统一的机制，让字号本身成为信号。如果你的文字内容太多，不要缩小字号或者调整横宽，把它们硬塞进去。还是削减文本或者另外增加空间吧，不必欺骗自己和读者。

阅读是线性的，从一个单词到下一个单词，就像说话一样。如果我们是打点计时器而不是热风机，那么我们说出的话就会在纸带上打出一连串文字。我们得把这条纸带剪成小段，排列成竖直**分栏**中的每一"行"。分栏只是一种人为的限制，使横向流动的大量文字挤进一个纵向的空间。而若要促进阅读（或者倾听？）的流畅度，我们也需要放宽横向的流动空间。

别拘泥于双分栏、三分栏的页面布局。不要把所有内容都塞进新闻简报所用的基本单位的范式中。要让页面布局反映出行文的结构。（见"栏与格"一章。）

或者，**考虑一下别的可能性（**☞

This eight point Trump Mediæval is small. But it is in scale with the narrow column, which it fits quite naturally. Since it only yields about 24 characters per line, it would be hard to read, if it were set justified: the word-spacing would be too irregular, and that is too great a sacrifice to make for the sake of neat edges to the columns. So it is better set unjustified. But it does show how small scale type naturally fits into narrow columns. It is better set text unjustified, or ragged right in such narrow columns. However, if the ragged right columns look a bit too untidy, it might be a good idea to insert a hairline column rule between the columns to make the page neater and more geometric, as is shown here.

8 点字号的 Trump Mediæval 字体很小，但与较窄的分栏比例相称，自然契合。由于一行只能放下约 24 个字母，阅读起来比较困难。如果像这样设置成两端对齐：单词间距就会松紧不一，实在不值得为了分栏边缘整齐而做出如此大的牺牲。因此最好不要设置为两端对齐。不过此例的确说明了窄栏中自然适合放较小的字体。在窄栏中，将段落设置为左齐右不齐更为妥当。如果右侧参差不齐显得凌乱，在栏与栏之间插入一条分割细线也是不错的办法，可以让页面更为整洁、更具几何性，如此例所示。

This is nine point Trump, one size larger than the type in the five-column scheme. It fits naturally into a four-column scheme, and as the column width increases, so ought the type that fills it. There's a logic to relative scales, despite the fact that magazines tend to ignore this important factor in their communication techiques. What they do is to choose a type size—typically ten point—and standardize it throughout, whether the column is narrow or wide seems immaterial. It is far simpler to write, compose, and put the pages together using one simple type size; just let it flow into the spaces. Readers won't know the difference, or will they?

9 点 Trump 字体，比五栏的方案大一个字号。它能恰当地配合四栏的方案，随着栏宽的增大，内部填充的文字字号也应该变大。两者之间的相互比例是有逻辑的，尽管许多杂志在他们的视觉传达技巧中往往忽视这一重要因素。他们的做法是，先选择字号——最典型的就是 10 点——并且贯彻始终，文字栏的宽窄仿佛无关紧要。只用一个字号，编写和排版都省事多了，就让文字这么铺满空间吧。读者反正看不出来，对么？

This is ten point Trump Mediæval, set in a three-column measure. It is one size larger than the nine-point Trump used in the four-column measure. The type size grows in proportion to the column width. A coordinated system of typography is a complex æsthetic and functional calculation requiring the balancing of a number of factors. If it is well worked out, it becomes a basic and important visual tool for editorial emphasis as well as a constant definer of the magazine's personality. It is set without extra linespacing.

10 点 Trump Mediæval 字体，三栏布局，比四栏中的文字又大一个字号。字号与栏宽成正比地增加。协调的字体排印机制，是在美学与功用上斟酌再三的结果，要求平衡多方面的因素。如果执行恰当，它就会成为编辑突出重点的重要视觉工具，也会不断优化杂志的个性形象。本段不设置额外行间距。

This is eleven point Trump Mediæval set in a two-column-per-page measure (here 19.75 picas), which leaves a slightly wider gutter between the columns than those shown in the examples above, while filling the same live-matter width of 41 picas. Just as the type size grows with the column width, so should the gutter increase in proportion. This helps readers interpret importance visually.

11 点 Trump Mediæval 字体，双栏布局，栏宽 19.75 派卡（约 8.4 厘米），而占据的版心宽度依然是 41 派卡（约 17.4 厘米），于是栏间距比上面几个例子更宽。就像字号应当跟随栏宽增加一样，栏间距也应该成比例地扩大，从而帮助读者在视觉上分清主次。

严格的分栏结构对于放置标准尺寸的广告、保持刊物完整性来说的确有必要。但也应该灵活应变，让字号配合分栏宽度相应变化，丰富沟通的层次。效果就是：你可以混用不同栏宽和字号组合体现编辑层面上的主次之分，无论是文字或图片尺寸均适用这一点。

栏间距应当随着栏宽和填充文字的大小而变化。小字窄栏之间的空隙，如果也像大字宽栏之间的间距那么大，看上去就会比例失调。栏宽越窄，栏间距也越窄。

每页五等分，三栏宽度

This is twelve point Trump Mediæval set solid and to a measure which is equivalent to three of the five columns in the 5-column page. Big, important.

12 点 Trump Mediæval 字体，无行间距，尺寸相当于三个五等分栏宽。字大，显得重要。

每页三等分，双栏宽度

This is twelve point Trump Mediæval but set to a measure which is equivalent to two out of the three columns in the 3-column page. It deserves an extra point of leading: 12/13.

12 点 Trump Mediæval 字体，尺寸相当于两个三等分栏宽。 这需要增加 1 点行间距，即字号、行高比为 12:13。

每页四等分，三栏宽度

This is twelve point Trump Mediæval but set to a measure which is equivalent to three out of the four columns in the 4-column page. It demands at least two extra points of leading: 12/14 for comfort.

12 点 Trump Mediæval 字体，尺寸相当于三个四等分栏宽。这需要增加 2 点行间距，即字号、行高比为 12:14 比较适宜。

每页五等分，四栏宽度

This is twelve point Trump Mediæval but set to a measure which is equivalent to four out of the five columns in the 5-column page. It needs three extra points of leading: 12/15 to be comfortable for easy reading.

12 点 Trump Mediæval 字体，尺寸相当于四个五等分栏宽。这需要增加 3 点行间距，即字号、行高比为 12:15，易于阅读。

通栏

This is fourteen point Trump, the size needed if it is to span across the full page.

14 点 Trump Mediæval 字体，如果文字横跨整个页面，就需要这样的字号。

This is a very long line of type set in six point, which is a very small size of Times Roman, to show that a single line can be as long as it needs to be. You are reading it because it is worth the bother.

This is a very long line of type set in six point, which is a very small size of Times Roman, to show that a single line can be as long as it needs to be. You are reading it because it is worth the bother. You can even get away with such ridiculously exaggerated long lines if there are two of them, because the reader is aware of reading the upper one, then struggles with the lower one.

This is a very long line of type set in six point, which is a very small size of Times Roman, to show that a single line can be as long as it needs to be. You are reading it because it is worth the bother. You can even get away with such ridiculously exaggerated long lines if there are two of them, because the reader is aware of reading the upper one, then struggles with the lower one. At a stretch, you might even succeed in having three lines like this get their message across, because readers can identify the upper, middle, and lower lines, assuming they are interested enough to bother.

When you present four or more lines like this, you are asking for trouble. The distance the eye has to travel back from the far right to the far left in order to find the beginning of the succeeding line of text is so great, that it is very easy to make a mistake, reread what you have already read or skip a line or two, so the words begin to make no sense and you're forcing the reader to give up in disgust. Don't bother to continue ploughing through this. It is merely a repetition of the previous example. This is a very long line of type set in six point, which is a very small size of Times Roman, to show that a single line can be as long as it needs to be. You are reading it because it is worth the bother. You can even get away with such ridiculously exaggerated long lines if there are two of them, because the reader is aware of reading the upper one, then struggles with the lower one. At a stretch, you might even succeed in having three lines like this get their message across, because readers can identify the upper, middle, and lower lines, assuming they are interested enough to bother.

This is a very long line of type set in six point, which is a very small size of Times Roman, to show that a single line can be as long as it needs to be. You are reading it because it is worth the bother. You can even get away with such ridiculously exaggerated long lines if there are two of them, because the reader is aware of reading the upper one, then struggles with the lower one.

Shorter lines make the same text look less repulsive

How long can lines be? One line can be any length. Even two or three are OK. The trouble starts when you have more than three.

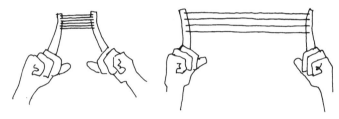

The longer the lines, the wider the line-spacing needs to be

Reading comfort depends on the ratio of type size to line length to line spacing. All three have to be in balance. Who judges comfort? You do: if you feel uncomfortable, add space between lines, increase type size, or both. Best avoid the problem altogether and make the lines shorter.

What do you do about that illegible six-line disaster? Add spacing between the lines. (Here it is doubled: what was 6/6 in the previous examples is here 6/12. That generous white space acts as a handrail for the eye to hold on to while traveling from the east back to the west. Don't bother to continue ploughing through this. It is merely a repetition of the previous example. But when you present four or more lines like this, you are asking for trouble. The distance the eye has to travel back from the far right to the far left in order to find the beginning of the succeeding line of text is so great, that it is very easy to make a mistake, reread what you have already read or skip a line or two, so the words begin to make no sense and you've forced the reader to give up in disgust. This is a very long line of type set in six point, which is a very small size of Times Roman, to show that a single line can be as long as it needs to be. You are reading it because it is worth the bother.

The longer the lines, the larger the type size needs to be

Or you increase the size of the type, like here from 6-point to 12-point Times Roman. In the top part of this example it is set solid (i.e. 12/12). It would be better if it were 12/18 as the last four lines shown here are set. Don't bother to continue ploughing through this. It is merely a repetition of the previous example. The distance the eye has to travel back from the far right to the far left in order to find the beginning of the succeeding line of text is so great, that it is very easy to make a mistake, reread what you have already read or skip a line or two, so the words begin to make no sense and you are forcing the reader to give up in disgust. But you will probably read this part, because it is so easy and even inviting to read. The distance the eye has to travel back from the far right to the far left in order to find the beginning of the succeeding line of text is the same 39 picas but the relationships of line length to leading and type size have changed. That makes all the difference.

这是一行特别长的文字，字号为 6 点，是 Times Roman 字体非常小的一个字号。你读这行字是因为它值得你费神。

这是一行特别长的文字，字号为 6 点，是 Times Roman 字体非常小的一个字号。你读这行字是因为它值得你费神。你甚至能就将读完两行这样长得夸张的文字，因为读者在看第一行的时候已经意识到了，第二行也能勉强努力读完。

这是一行特别长的文字，字号为 6 点，是 Times Roman 字体非常小的一个字号。你读这行字是因为它值得你费神。你甚至能就将读完两行这样长得夸张的文字，因为读者在看第一行的时候已经意识到了，第二行也能勉强努力读完。坚持一下，你甚至可以看完三行如此传达信息的文字，因为读者尚能分辨出上、中、下三行，认为内容值得一读。

当你把这么长的文字排到四行以上，就是自找麻烦了。阅读时眼睛从最右边的行尾折回来寻找下一行行首时需要移动的距离太大了，很容易看错行，把刚才读过的文字又读一遍，或者跳过了一两行，你这是在逼迫读者厌恶地放弃阅读。下面是重复，毋须阅读。这是一行特别长的文字，字号为 6 点，是 Times Roman 字体非常小的一个字号。你读这行字是因为它值得你费神。你甚至能就将读完两行这样长得夸张的文字，因为读者在看第一行的时候已经意识到了，第二行也能勉强努力读完。坚持一下，你甚至可以看完三行如此传达信息的文字，因为读者尚能分辨出上、中、下三行，认为内容值得一读。

这是一行特别长的文字，字 号 为 6 点， 是 Times Roman 字体非常小的一个字号。你读这行字是因为它值得你费神。你甚至能就将读完两行这样长得夸张的文字，因为读者在看第一行的时候已经意识到了，第二行也能勉强努力读完。

相同的文字，较短的行长，看起来不太会令人生厌。

文字行长可以有多长？如果只有一行文字，多长都可以。两三行也还行。三行以上就麻烦了。

阅读的舒适度取决于字号、行长、行间距之间的比例。三者必须平衡为佳。谁来判断舒适度？当然是你：如果你觉得读起来不舒服，可以增加行间距，放大字号，或者双管齐下。最好是完全规避这个问题，把行长缩短。

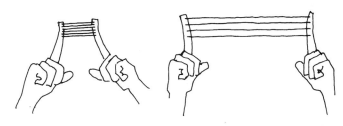

文字越长，所需要的行间距越大。

这六行文字根本看不清，怎么解决这种灾难？增加行间距。（本段是双倍行距，上文例子中字号行高比为 6:6，这里为 6:12。）宽绰的空白就像是眼睛的扶手，可以沿着它从东边找回西边。下面是重复，无须阅读。当你把这么长的文字排到四行以上，就是自找麻烦了。阅读时眼睛从最右边的行尾折回来寻找下一行行首而需要移动的距离太大了，很容易看错行，把刚才读过的文字又读一遍，或者跳过了一两行，文字就看不懂了，你这是在逼迫读者厌恶地放弃阅读。这是一行特别长的文字，字号为 6 点，是 Times Roman 字体非常小的一个字号。你读这行字是因为它值得你费神。

文字越长，所需要的字号越大。

或者你可以把字放大，像这样把 6 点 Times Roman 字体放大到 12 点。上面四行无行间距（即字号、行高比为 12:12），如果像下面四行那样设置成 12:18 效果会更好。下面是重复，无须阅读。阅读时眼睛从最右边的行尾折回来寻找下一行行首而需要移动的距离太大了，很容易看错行，把刚才读过的文字又读一遍，或者跳过了一两行，文字就看不懂了，你这是在逼迫读者厌恶地放弃阅读。不过有可能你会看这几行字，因为看起来轻松易读，尽管眼睛从最右边的行尾折回来寻找下一行行首而需要移动的距离仍是 39 派卡（约 16.5 厘米），但一行的长度、行间距和字号之间的关系改变了。**这就让一切大为不同。**

有没有一个理想的长度？ 没有，即便有些经验之谈，那也不是死规矩，因为变化的因素太多了。阅读友好程度不仅关乎文字、字体设计、字号、粗细、疏密，还与它所处的环境有关。

One two three four five six seven eight words per line (forty characters) is an average rule of thumb for easy-to-read line length. One-and-a-half alphabets. Books are commonly set a bit wider, from fifty-five to seventy characters, but then more interline space is added to facilitate eye flow. But if you use sans serif type, which lacks the strokes that help the eye move sideways, reducing the width helps.

一行 8 个单词，40 个字母，相当于一个半的英文字母表。这是比较常见的经验法则，能够保证易读性。书籍中的一行往往会再宽一些，容纳 5—70 个字母，但也会增加行间距辅助眼睛的移动阅读。如果你用的是无衬线字体，就缺少了能够帮助眼睛横向移动的笔画，此时缩短行长能起到改善效果。

页面是诸多元素的合成体。—— 唯一能对行长作出中肯判断的标准，就是单纯的视觉敏感度和常识。

- 页面尺寸
- 页数
- 使用的语言、技术、科学公式
- 需要阅读的文字的"量"
- 覆盖面：边距和栏间距
- 篇章结构如何，怎样拆分
- 出版物手持方式
- 纸张重量、色彩、纹理、光泽度
- 纸上油墨的色彩与光泽度
- 印刷质量与精度

下面是**根据实践经验总结的字号对照表**，表示的是通常情况下行长与行间距的关系，是通过不断的实践试错得出的经验。这只是一个大概的指导，不是必须遵守的所谓"正确"的标准。（没有什么正确标准。）但是：

如果你设置了左齐右不齐，你的栏宽可以比下面建议的最小宽度更窄。

如果你用的是粗体，要把行间距增加 1 倍。

如果你想大量使用全部大写字母，别这么做。

如果你的素材是由短小信息组成，比如产品目录中的项目，那么行间距可以略窄。

如果你使用的是小写字母 x 高度较高的字体，相比起 x 字高较矮的字母来说，它需要更宽松的行间距（见下页）。

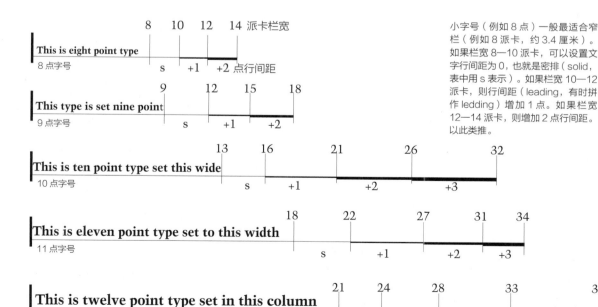

8   10   12   14 派卡栏宽

This is eight point type
8 点字号   s   +1   +2 点行间距

9   12   15   18

This type is set nine point
9 点字号   s   +1   +2

13   16   21   26   32

This is ten point type set this wide
10 点字号   s   +1   +2   +3

18   22   27   31   34

This is eleven point type set to this width
11 点字号   s   +1   +2   +3

21   24   28   33   39

This is twelve point type set in this column
12 点字号   s   +1   +2   +3

小字号（例如 8 点）一般最适合窄栏（例如 8 派卡，约 3.4 厘米）。如果栏宽 8—10 派卡，可以设置文字行间距为 0，也就是密排（solid，表中用 s 表示）。如果栏宽 10—12 派卡，则行间距（leading，有时拼作 ledding）增加 1 点。如果栏宽 12—14 派卡，则增加 2 点行间距。以此类推。

Paragraphs denote new ideas, new trends, changes of direction of thinking. They are shown either by indents or by spacing. **Either technique works, though indents are more usual.** But indents should always be used when there are small bits of self-contained text on the same page. Each little story retains its unity, yet the points signalled by the indenting are still made separately.

This is a headline

This is the first paragraph. It starts a trend of thought and usually contains important information, in order to beguile the semi-curious reader into continuing reading the story.
The second paragraph switches to a second thought that is independent of the first, but flows from it.
The third paragraph changes the direction of the thinking again. The purpose of paragraphing is to signal *change* in the direction of thoughts—a valuable clue to the readers that aids them in comprehending the message and its intellectual organization.
There are some publications that eschew the use of any indention or typographic signaling devices at paragraph starts. Why do they do that? In order to have a neat left-hand edge. There is no question that it makes the page look crisp and carefully tailored. But at what cost? Perhaps a compromise can be worked out at the start of each story?

No ¶ indication

This is a headline

This first paragraph has not been indented. Look how crisp this looks. The first paragraph starts a trend of thought and usually contains important information, in order to beguile the semi-curious reader into continuing reading the story.
    The second paragraph switches to a second thought that is independent of the first, but flows from it.
    The third paragraph changes the direction of the thinking again. The purpose of paragraphing is to signal *change* in the direction of thoughts—a valuable clue to the reader. The first paragraph doesn't change anything. It starts. So why indent the first paragraph? Silly, unthinking habit. Indents are set automatically as a default. (Here the indents are nine points because this is set in 9pt Times Roman. It is set solid, in order to make it thick and grey, to show the indenting clearly.)
    It is a nuisance to remember to override the default, but do it: don't indent the first paragraph.

One-em ¶ indents

This is a headline

This is the first paragraph. It starts a trend of thought and usually contains important information, in order to beguile the semi-curious reader into continuing reading the story.
        The second paragraph switches to a second thought that is independent of the first, but flows from it.
        The third paragraph here changes the direction of the thinking once again. The purpose of paragraphing is to signal *change* in direction of thoughts—a valuable clue to the reader. The first paragraph doesn't change anything. It starts. So why indent the first paragraph? Silly, unthinking habit. Indents are set automatically as a default—here an extra-wide two picas wide to make the point obvious. (Normal indents are one em, the square of the type size: 12 points in 12pt, 10 points in 10pt type etc).
        It is a nuisance to remember to override the default, but do it: don't indent the first paragraph.

Three-em ¶ indents

This is a headline

■ The first paragraph is signposted by means of a solid square. Such a little black spot invites the fast scanning viewer to the beginning of the text. It is a helpful guide, even if it does mess up the clean purity of the page. Compared to the example at far left, it is more visually complicated.
    The second paragraph switches to a second thought that is independent of the first, but flows from it.
    The third paragraph changes the direction of the thinking again. The purpose of paragraphing is to signal *change* in the direction of thoughts—a valuable clue to the reader. The first paragraph doesn't change anything. It starts. So why indent the first paragraph? Silly, unthinking habit. Indents are set automatically as a default. (Here the indents are only nine points because this is set in 9pt Times Roman.)
    It is a nuisance to remember to override the default, but do it: don't indent the first paragraph. Use the space for a signal instead.

This is the first paragraph. It starts a trend of thought and usually contains important information, in order to beguile the semi-curious reader into continuing reading the story.
    The second paragraph switches to a second thought that is independent of the first, but flows from it. The purpose of paragraphing is to signal *change* in direction of thoughts—a valuable clue to the reader.
    The third paragraph changes the direction of the thinking again. The indents shown here are two ems wide, or 16 points, because the type size is eight point.

This is an example of text set ragged right and placed in an excessively wide column, which should be avoided in the first place, but is done here merely as a slightly overdramatized instance of narrow versus deep paragraph indenting.
    This is a one-em indent, and measures eight points from side to side, because this type size is eight point times roman. It is purposely set solid, without any extra line spacing between the lines, to create a thick, dark texture, in order to show off the indented white spaces.
        This is a three-em indent, that measures twenty-four points from side to side, because the type is eight point in size, so three times eight is twenty-four. The deeper indent is a broader bay of white space which balances, or at least is not overwhelmed by, the ragged right-hand edge of the text. It draws the eye in more strongly than the puny one-em indent in the paragraph above.

The first paragraph should not be indented. It looks as if a mouse had gnawed the corner. Nor does it make sense. Each new paragraph represents a change in the direction of thought. The first paragraph introduces the story; where's the "change"?

Make the indents deeper to trap the eye in a wider column. Indents ought to look in scale both with the column width as well as the alley or gutter between the columns.

In ragged-right text, make indents deeper, for the uneven right-hand edge makes shallow indents on the left-hand edge practically unnoticeable—especially when the columns are neighbors.

分段表明此处有新的内容、话锋和思路。段落以段首缩进或段间距来体现，**两种方法都可以用，缩进较为常用。**但凡一页上原本就包含相互独立的文字区块，就应该使用缩进的方法。每一块小篇章都保持独立完整，同时仍可以通过段首缩进分段，表示内容层次的区分。

这是一条标题

这是第一段。这一段的思路往往包含了重要的信息，吸引略微好奇的读者继续读下去。

第二段转换到了第二条思路上，与第一条相互独立，但又与它衔接。

第三段的思维方向再次转变。分段的目的是为了暗示思路的**变化**——对读者来说是非常有价值的线索，辅助他们理解信息及其结构逻辑。

有些出版物对于缩进等暗示分段的排印手段避之不及。为什么呢？为了左边缘能够整齐。如此一来，页面当然看上去干净挺括，然而代价会是什么？也许每一段文字开头可以调整平衡一下？

无段首缩进

这是一条标题

在这里第一段没有缩进。看上去多么挺括。第一段的思路往往包含了重要的信息，吸引略微好奇的读者继续读下去。

　　第二段转换到了第二条思路上，与第一条相互独立，但又与它衔接。

　　第三段的思维方向再次转变。分段的目的是为了暗示思路的**变化**——对读者来说是非常有价值的线索。而第一段不用改变任何东西，它就这么开始了。所以何必缩进第一段呢？不动脑筋的傻瓜习惯。段首缩进会自动设置成默认格式。（此段为 9 点字号的 Times Roman 字体，因此段首缩进设置为 9 点。行间距为 0，从而提升密度和灰度，清晰地显露出缩进的空白。）

　　每次都记得去改默认设置的确很麻烦，但还是得这么做：不要给第一段设置缩进。

段首缩进 1 em

这是一条标题

这是第一段。这一段的思路往往包含了重要的信息，吸引略微好奇的读者继续读下去。

　　　第二段转换到了第二条思路上，与第一条相互独立，但又与它衔接。

　　　第三段的思维方向再次转变。分段的目的是为了暗示思路的**变化**——对读者来说是非常有价值的线索。而第一段不用改变任何东西，它就这么开始了。所以何必缩进第一段呢？不动脑筋的傻瓜习惯。段首缩进会自动设置成默认格式——在这一段设置成了超宽的 2 派卡（约 0.85 厘米），使得段落区分更明显。（一般段首缩进设置为 1em，即等于字号高度：12 点的字号设置 12 点的缩进，10 点的字号设置 10 点的缩进，等等。）

　　　每次都记得去改默认设置的确很麻烦，但还是得这么做：不要给第一段设置缩进。

段首缩进 3 em

这是一条标题

■第一段用一个实心方块标记了出来。这个小黑点将快速翻阅的读者吸引到文章开头来。这是一种有效的引导方式，尽管它打乱了纯净的页面，但比起最左边的例子来说，它在视觉上更复杂。

　　第二段转换到了第二条思路上，与第一条相互独立，但又与它衔接。

　　第三段的思维方向再次转变。分段的目的是为了暗示思路的**变化**——对读者来说是非常有价值的线索。而第一段不用改变任何东西，它就这么开始了。所以何必缩进第一段呢？这是不动脑筋的傻瓜习惯。段首缩进会自动设置成默认格式——在这一段设置成了超宽的 2 派卡（约 0.85 厘米），使得段落区分更明显。（一般段首缩进设置为 1em，即等于字号高度：12 点的字号设置 12 点的缩进，10 点的字号设置 10 点的缩进，等等。此段为 9 点字号的 Times Roman 字体，因此段首缩进设置为 9 点。）

　　每次都记得去改默认设置的确很麻烦，但还是得这么做：不要给第一段设置缩进。还不如把空白改成一个标记。

这是第一段。这一段的思路往往包含了重要的信息，吸引略微好奇的读者继续读下去。

　　第二段转换到了第二条思路上，与第一条相互独立，但又与它衔接。

　　第三段的思维方向再次转变。这里段首缩进设置为 2em，即 16 点，因为字号为 8 点。

第一段段首不应该缩进。否则看上去就像是被老鼠啃掉了一块。而且没有任何实际作用。每个新的段落代表了行文思路的变化。第一段只是引入了文章，哪里来的"变化"呢？

在宽栏中将缩进设置得多一些，吸引眼睛的注意。缩进应当和栏宽成正比，就像栏间距和栏宽也是成正比的一样。

在左齐右不齐的段落中，要将缩进设置得更深一些，因为右侧边缘不齐，使得左侧浅浅的缩进几乎看不出来——尤其是两栏相邻的时候。

这是一篇左齐右不齐的文字，放在了特别宽的一栏中，这点首先就应当避免，但这里是为了略微夸张地说明一下段首缩进多少的问题。

　　这是 1em 的缩进，本段字号为 8 点，因此缩进值实际为 8 点。段落有意设置成密排，不设置额外的行间距，提高文字的密度和灰度，从而凸显出段首缩进的空间。

　　　　这是 3em 的缩进，本段字号为 8 点，因此缩进值实际为 24 点，即字号的 3 倍。更深的缩进产生了更宽的空白缺口，与右侧参差不齐的边缘形成了平衡，或者至少没有和右侧的空白混淆。比起上面一段里微不足道的 1em 缩进，它能够更有力地吸引目光。

Spaces between paragraphs should be used in long, running text, because they "break up the text" more effectively than paragraph indents. Nonetheless, the integrity of the column must be protected against disintegration. Skipping a full line is too strong an interruption. The ideal is half a line.

This is a headline

This is the first paragraph and it is not indented, precisely because it is the first paragraph. But this is an example of something else: doubling. Excess. Is more always better? This shows the illogic of combining the paragraphing-signalling techniques of indenting with extra spaces between paragraphs.

   A second thought starts here in this, the second paragraph, and the new paragraph is separated from the previous one by a full line of space.

   That is the most primitive process easily accomplished while setting type on the computer, but it disintegrates the column into a series of short, lonely looking lumps. That in turn threatens the unity of the story.

This is a headline

This is the first paragraph and it is not indented, precisely because it is the first paragraph.
   A second thought starts here in this, the second paragraph, and the new paragraph is separated from the previous one only by an extra-deep indent.
   That indent says "I am a new paragraph" and thus represents a slightly new direction of thinking. But the columness of the column is retained unbroken.
   Is this always necessarily better? There is no such thing as "always" in anything to do with typography, but it does demonstrate that the simplest technique is usually the most effective, especially for that instinctive first-glance reaction. Here, the whole text remains unified, yet its components are clearly evident.

This is a headline

This is the first paragraph and it is not indented, precisely because it is the first paragraph. But this is an example of something else: this text shows the paragraph-signalling techniques of adding extra spaces between paragraphs. (No indents). This shows a *full* line skipped:

A second thought starts here in this, the second paragraph, and the new paragraph is separated from the previous one by a *full line* of space.

Skipping a line is the most primitive process easily accomplished on the computer, but it disintegrates the column into a series of short, lonely looking lumps. That, in turn, threatens the unity of the story. This is, however, less destructive than when it is combined with paragraph indenting, as at far left.

This is a headline

This is the first paragraph and it is not indented, precisely because it is the first paragraph. But this is an example of something else: this text shows the paragraph-signalling techniques of adding extra spaces between paragraphs. This shows only *half* a line skipped:

A second thought starts here in this, the second paragraph, and the new paragraph is separated from the previous one by a *half line* of space.

This is not the most primitive process on the computer, because "the paragraph space after" has to be specified. But it does not disintegrate the column. Instead, it is an excellent, neat, clear compromise.

But half-lines often don't align at column ends. Nonetheless, you gain more than you lose. Who cares about precision down there?

Combining indents with line spaces between paragraphs creates canyons which are not only just too broad, but also look messy. They disintegrate the column and each exaggerated gap is an opportunity to quit reading. *(The text in the examples explains why.)*

Never vary spaces between paragraphs or subheads in order to "force-justify" columns—i.e., to make the columns the same length. It destroys the texture of the typography and looks unkempt. Not mentioned in the tiny text is the worst sin: opening up space between the lines. There is no excuse for such shoddy cheating.

Space between paragraphs must be narrower than the space between the columns, so the page doesn't disintegrate into horizontal bands.

This small and hard-to-read wording merely represents text in columns. It is set very small for two reasons. One is that you should not really want to read it because it takes too much deciphering or a good high-powered magnifying glass. The other is in order to illustrate spacing between things. It is set in eight point Times Roman, tight, no extra line spacing, to an eight pica column width, justified.

Here a half line of space is inserted between paragraphs; that makes the entire column fifteen and a half lines high. What happens when the next

column alongside it has two paragraph spaces in it, whereas the first column only has one?

Obviously, the first paragraph space can be accommodated easily, but the problems only happen when you start getting down to the bottom of the second column.

The height cannot be the same, despite the fact that the number of text lines is identical. But what about that extra half-line's space? You can ignore it, or cheat by doubling the space in the left-hand column. Or kill one space. The right way to equalize them is to rewrite the text.

This small and hard-to-read wording merely represents text in columns. It is set very small for two reasons. One is that you should not really want to read it because it takes too much deciphering or a good high-powered magnifying glass. The other is in order to illustrate spacing between things. It is set in eight point Times Roman, tight, no extra line spacing, to a column width of eight picas, justified.

Here is a full line of space inserted between paragraphs; that makes the entire column fifteen and a half lines high. What happens when the

next column alongside it has two paragraph spaces in it, whereas the first column only has one?

Obviously, the paragraph spaces can be accommodated easily, so there are no alignment problems when you get to down to the bottom of the second column.

The height can be the same, because the number of text lines is identical. But in this example the columns are very close together, closer than the paragraphs are. As a result, the columns are more broken up and each paragraph appears to stand alone.

在长篇连续的正文中，应该设置**段落间距**。相比起段首缩进，段间距能更有效地"把文章拆分开来"。尽管如此，每一栏还是应当保持原样，不受破坏。空出整整一行的干扰太强，理想的段间距是半行。

这是一条标题

这是第一段，没有缩进，因为第一段不必缩进。但这个例子要说明的是另外一个问题：重复和多余的手法。多做总是好的吗？这段文字说明了既有缩进的段首标记，又结合额外段间距的做法是不合逻辑的。

第二条思路从这里第二段开始。与前面一段之间空开一整行。

这是在电脑上排版时最原始、最易操作的方法了，但这种做法把这一栏文字拆解成了一堆短小而孤零零的豆腐块，从而危及文章的整体性。

既有缩进又有段间距，会造成峡谷一样的空隙，不仅太宽，看起来也不整洁，还会将栏中的内容拆散，每一处夸张的空隙都是读者停止阅读的机会。（示例中的文字解释了原因。）

切忌变换段间距或小标题的间距，以达到"强制头尾对齐"分栏的效果（即让分栏等高）。这种做法会破坏版面灰度，显得凌乱。示例的小字中没有提及最大的一桩罪状：把行间距也扩大。绝对不能用这种卑劣的作弊手法。

段间距要比栏间距窄，这样页面不会被拆分成横向的条块。

这是一条标题

这是第一段，没有缩进，因为第一段不必缩进。

第二条思路从这里第二段开始，仅依靠深度缩进与上一段区分。

那个缩进的意思就是"我是一个新的段落"，也就代表了此处有了比较新的思路。而文字栏的整体性仍然保留完好。

这种方法永远都是最好的吗？字体排印中没有"永远"这种说法，但这种方法的确说明了最简单的技术往往是最有效的，尤其是针对第一眼直觉的反应。这段文字整体统一，而各部分又划分清晰。

这段难读的小字只是为了展示分栏文字的效果。字号非常小，有两个原因，一是你不必费心琢磨里面写了什么，不必拿个高倍放大镜阅读；二是这段文字是用来说明间距问题的。本段字体为 8 点的 Times Roman，无行间距，置于宽 8 派卡（约 3.5 厘米）的分栏中，两端对齐。

两段间插了半行的间距，使整一栏的高度变成了十五行半。如果相邻的分栏中有两处段间

这是一条标题

这是第一段，没有缩进，因为第一段不必缩进。但这个例子要说明的是另外一个问题：这段文字的段落标记方法，是增加了额外的段间距（而没有设置缩进）。段间距相当于**一整行**：

第二条思路从这里第二段开始。与前面一段之间空开**一整行**。

这是在电脑上排版时最原始、最易操作的方法了，但这种做法把这一栏文字拆解成了一堆短小而孤零零的豆腐块，从而危及文章的整体性。然而，这个例子的破坏性不及第一例中添加缩进的方法那么严重。

这段难读的小字只是为了展示分栏文字的效果。字号非常小，有两个原因，一是你不必费心琢磨里面写了什么，不必拿个高倍放大镜阅读；二是这段文字是用来说明间距问题的。本段字体为 8 点的 Times Roman，无行间距，置于宽 8 派卡（约 3.5 厘米）的分栏中，两端对齐。

两段间空开一整行。可是如果相邻的分栏中有两处段间

这是一条标题

这是第一段，没有缩进，因为第一段不必缩进。但这个例子要说明的是另外一个问题：这段文字的段落标记方法，是增加了额外的段间距（而没有设置缩进）。段间距相当于**半行**：

第二条思路从这里第二段开始。与前面一段之间空开**半行**。

这并不是电脑排版时最原始的方法，因为这里需要设定"段后距"的精确值。这种方法不会把文字栏拆散，而是达到了完美、整洁、清晰的一种平衡。

可是半行的段间距往往导致文字栏末端无法对齐。不过利大于弊，况且谁在乎最下面是不是对齐呢？

距，而前面一栏只有一处，会怎样呢？

显然第一段的段间距处理起来很轻松，然而慢慢到了第二栏底部，对齐的问题才会出现。

即使行数相同，高度也不可能一致。该拿这多出来的半行空距怎么办呢？你也许可以忽略它，可以偷偷在左栏里把间距扩大 1 倍蒙混过关，或者取消一处行间距。正确的对齐方法应该是重新组织文字。

距，而前面一栏只有一处，会怎样呢？

显然第一段的段间距处理起来很轻松，然而慢慢到了第二栏底部，对齐的问题才会出现。

即使行数相同，高度也不可能一致。此例中，两栏距离太近，比段落之间的距离还近。这导致了栏中的文字更显得分散，每一段看上去像是独立的元素。

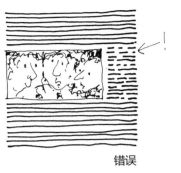 

错误　　　　　　　　　　　　正确

环绕文字很有用，也很危险。 被图片挖掉一块空间后，剩下的栏宽可能会太窄，行末有太多单词需要断开换行。另外，两端对齐的设置使得字符之间必须扩大或压缩间距来适合栏宽，导致文字的灰度被扰乱，无法做到赏心悦目，读起来十分难受。（比较可行的最小栏宽应当容下 25 个字符。）

错误　　　　　　　　　　　　正确

小标题处于环绕文字当中，会显得凌乱，并且会吸引人注意到本来不该出现的问题：被环绕的对象与文字空档之间的冲突。这两个元素截然不同，无法相容。环绕文字只能在连贯的纯文字区域中运用。

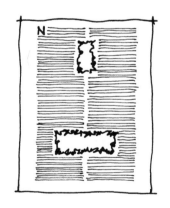 

相邻两栏的环绕文字使填充文字的问题变本加厉。 看看他们对文本做了什么，评判一下。因为文字是页面上最脆弱的元素，设计绝不能毁了阅读，但读者在这种情况下或许会把图片元素当成文字背景中的闪耀明珠。究竟哪个是重点：文字还是图像？我们可以通过把控"色彩"的对比来引导他们。

反向环绕是让文字向外鼓出一部分、占据周围空间的做法。

交错环绕可以把毗邻的两栏嵌合起来，在视觉上呈现出"正反""前后"的对比观点。调整其中一侧的色彩或灰度，让双方的对话更加生动。

列表是非常流行的手法。 因为编辑已经为读者整理好了思路，将信息用表单的方式呈现，为理解创造了捷径。这种方式将内容与形式撮合在一起，因此为了达到最好的图文效果，格式必须严谨，形成规律。

将素材用某种规律性的视觉形式表达
- 要将信息分割成几个组成部分。
- 要将每个不同项目都另起一行。
- 要通过排印方法让每个部分清晰易读。
- 要通过组织页面字体，体现各个部分如何配合。

信息需要满足这**五个要求**，才能有意义：
1. 必须具有明确目的。
2. 必须具有能够用来组织数据的实体形态。
3. 必须使排印清晰可读。
4. 必须格式整洁，才能帮助传达思想。
5. 必须有吸引人的整体效果，易于辨识。

想要有效地传达信息，作者／设计师／编辑团队必须
　第一，理解需要沟通的问题。
　第二，加以分析，将内容分成几部分。
　第三，编写各部分信息。
　第四，创造最适合信息的排印格式。

上面方框中示范的列表，体现了这些标准：

1. 形状	**2. 文字灰度**	**3. 视觉辨识**	**4. 解释性文字**
左侧缩进	每一行都差不多短	●中圆点用于无序列表	用粗体表示
右侧不对齐	每个项目的第一个字词相同	1、2、3 用于计数列表	用句尾的冒号表示
列表上下留出额外间距	每一行前面加一个符号	第一、第二，用于顺序列表	用句尾的用词来暗示

标签或数据列表 由短小、独立的子项目组成，目的是让人辨认出它们同属一组。如果每个项目只有几个字，列表格式就能使每项内容在上下文中最大限度地吸引注意力。

在缩进排列的列表后面紧跟的段落，不要设置段首缩进（这样就不会弱化缩进起到的厘清思路的效果）

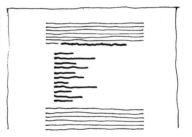

文字列表 中的每个项目都有好几句话。如果运用了不同的颜色或具有不同灰度的字体，并且左边缘加以设置，那么就能形成短篇段落的格式规律。**最简单的方法：** 将项目符号悬挂在外，文字换行后左侧保持缩进。

对其项目符号，设置悬挂缩进，凸显符号（使人辨认出这是个列表）

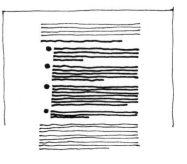

大纲列表按照层级主次，分层列举信息，因此需要一级以上的缩进才能说明其中的层级。**最简单的方法：**将缩进值设置得足够大，清晰地区分各级。很有可能还需要建立纵向的标尺，准确设置左侧数字缩进的程度。

I.   Roman capital numerals
II. Follow numerals with a period and align on it. I II III IV V VI VII VIII IX X
    A. Capital letter (whether roman or *italic*)
    B. Follow capital with a period
      1. Arabic numeral
      2. Follow numeral with a period
        a) Lowercase letter, roman
        b) Follow letter with a parenthesis
          (1) Italic numerals
          (2) Enclose numerals in parentheses
            (i) Lowercase roman numerals
            (ii) Enclose numerals in parentheses

这里随意列举的字母数字符号，是最为常用的缩进列表标记，但并没有所谓"正确"的版本。你可以使用任何有意义的符号，只要保证一眼能看明白即可。

Cats	Hippopotamuses	Cats
Birds	Rhinoceroses	Dogs
Giraffes	Chipmunks	Birds
Chipmunks	Giraffes	People
Hippopotamuses	People	Giraffes
Rhinoceroses	Birds	Chipmunks
People	Dogs	Rhinoceroses
Dogs	Cats	Hippopotamuses

不要刻意"美化"列表。不要把列表人为排成某种形状，这样会喧宾夺主。除非这种形状能解释列表中的内容。（示例中的单词没有特别的意思，无需深究。）

- Cats miaouw whenever they are hungry, angry, thirsty, bored, or their tail is being pulled.
- Dogs bark whenever they sense that their territory is being invaded by some threatening stranger like a mail carrier.
- Birds twitter all the time, especially in spring, which is very annoying if you're trying to sleep.
- People chatter endlessly, pointlessly, witlessly, and insist on pontificating on chat shows on television. They can be switched off.

- Cats miaouw whenever they are hungry, angry, thirsty, bored, or their tail is being pulled.
- Dogs bark whenever they sense that their territory is being invaded by some threatening stranger like a mail carrier.
- Birds twitter all the time, especially in spring, which is very annoying if you're trying to sleep.
- People chatter endlessly, pointlessly, witlessly and insist on pontificating on chat shows on television. They can be switched off.

不要破坏符号的标记作用，把它们藏到缩进里或是排成什么形状，甚至不换行排列，都是错误的。要让它们骄傲地站出来，在左边缘排成纵列，彰显出列表的特性。

    • Cats miaouw
    • Dogs bark
    • Birds twitter
    • People chatter
  • Chipmunks squeak
• Hippopotamuses growl
  • Rhinoceroses bellow
    • Giraffes are silent

• Cats miaouw • Dogs bark • Birds twitter • People chatter • Chipmunks squeak • Hippopotamuses growl • Rhinoceroses bellow • Giraffes are silent but • Cats miaouw and • Dogs bark • Birds twitter • People chatter • Chipmunks squeak • Hippopotamuses growl • Rhinoceroses bellow • Giraffes are silent • Cats miaouw • Dogs bark

- Cats miaouw
- Dogs bark
- Birds twitter
- People chatter
- Chipmunks squeak
- Hippopotamuses growl
- Rhinoceroses bellow
- Giraffes are silent

把冗长可畏的大块内容化整为零。
把一部长篇大作转化成一堆小章节，每一节既可以独立存在，又能看出属于统一整体。读者喜欢短小的内容，要用符合他们口味的方式引导他们轻松地入门——哪怕这样会让页面显得复杂。页面整洁不是目的，吸引读者才是目的。不过也要做到每个区块内部保持统一，每一块都有简单的轮廓形状，并且不要将段落拆分得过于零散。

将短小的段落通过空白间隔开来，
读者一眼就能看到哪里是开始，哪里是结尾，整篇文章有多长，帮助他们判断要花多少精力阅读，相比于他们对内容的兴趣是否值得一看。利用空白（犹如护城河）或直线（犹如城墙）划分区域的方法可以让页面更有序，把文章内部的多余空白挤出来放到四周围合的空间里去。

快速浏览，细细研读。要把材料加以组织（编辑），使其编写和排版有意满足**两个层次的阅读需求。**利用字号和栏宽的相互关系，反映出文本的重要程度。把精华的小块内容直接放在页面最上方，凸显它们的重要性，方便读者找到它们。通过增加文字粗度，帮助他们集中注意力，制作出信息层级。（直截了当地允许读者跳过他们可能不太感兴趣的内容，会让读者感到是一种友好的体验。）

鼓励快速纵览阅读，将标题字往左推到空白里，形成悬挂缩进的效果。

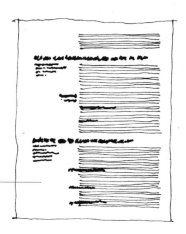

随意地组织页面，使视觉
效果喧宾夺主，掩盖了信息。

（谨防吸引眼球却会误
导读者的所谓"原创设
计"。它能吸引读者阅
读吗？如果能，很好！
如果只是为吸引而吸引，
就扼杀它。）

需要避免的常见字体排印"几大罪"。

《华尔街日报》编辑、传奇人物
巴尼·基尔戈（Barney Kilgore,
1941—1966）曾说："对于任何一
个读者来说，最容易的事情就是停
止阅读。"无需赘言。

写了，编辑了，然而在写作和
编辑的同时没有考虑到排印问题。

（充分利用一切机会，组织信
息结构，转化成列表，甚至删
繁就简，想象文字排印出来的
样子。回头补救有时也管用，
但最好还是未雨绸缪。）

由古斯塔夫·多雷绘制的但丁《神曲》插画细节

把文字印在了抢风头的背景上，
干扰了读者的注意力。

（还有更糟糕的，背景阻挠了阅读，
读着读着就会略过文字。屏幕上看起
来很酷的效果，印刷出来往往不尽如
人意。切忌让文字和背景产生冲突。）

没有花精力去阅读、研究、
理解文章究竟说了什么。

（字体排印必须精心打磨，
从而反映出文本的写作方
式和结构。）

玩弄字体的花样，
只是为了求新求异，
彰显创意。

（作为思想的文字，远比作为
视觉图形的文字有价值。不要
想着**"设计"**：看上去如何？
而要思考**"功能"**：我们是否
清晰地传达了思想？）

制造产品　每一条标题都是独立的，它指向了自己对应的故事。但每一条标题又是整个产品中的一部分。既然标题字体要达到极度醒目的目的，它的样式就会创造（或瓦解）产品的视觉一致性和个性。

标题字的大小粗细逻辑合理，就能提示读者文章的结构。重要程度相同的标题字，视觉效果也应当相似。

总有人会怨声载道地提出怀疑，说如果我们不给读者看些新鲜的、迥异的东西，**读者会觉得无聊。**尽管不断变换标题来"增加趣味"的诱惑难以抵挡，但一定要避免毫无目的的求新求变。如果一本出版物要依赖这些肤浅的花招来彰显"趣味"，它的问题就严重了。

讲述故事　潜在读者在寻找信息时，标题是他们最先寻觅的指示。图片也许会吸引他们，但标题真正告知了他们信息。符合逻辑的阅读顺序是一看标题，二看标题组（如果有的话），三看正文。既然是为了鼓励阅读，不按照这样一二三顺序依次排列的做法都是不明智的，除非其他排版方式能够达到某种很好的效果，或是有别的更重要的理由。

标题是最能说服人的。没错，它们是让页面生动活泼的"吸睛"利器，可是也要适可而止。比如，把字体放得过大，就会迫使人费两次工夫把目光聚焦到页

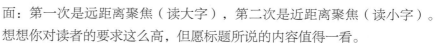

面：第一次是远距离聚焦（读大字），第二次是近距离聚焦（读小字）。想想你对读者的要求这么高，但愿标题所说的内容值得一看。

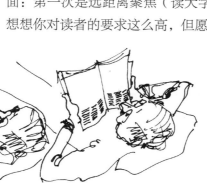

标题
形式（看上去什么样）
展示了内容（说了什么）

编辑／设计团队对于意义和目的达成共识，有助于把握醒目的"标题"，增加出版物的影响力。以下是常用标题类型和术语，字体的处理技巧会在后面几页继续探讨。

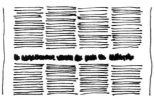

通栏标题占据页面从左到右的整个空间。

跨栏标题占据多栏宽度且居中，左右均留少许空白。

均列式标题左右留有等距，庄重、传统，不具新意。（见第 94 页）

斜列式标题的每一行都比上一行缩进一点，顺应目光的移动。

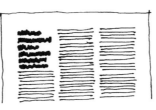

左齐式标题将词句集中成一个黑块，与正文形成对比。

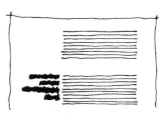

右齐式标题与正文比肩而立，视觉上"归属于"正文。文字量如果太大会难以阅读。

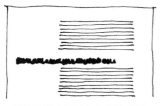

悬挂缩进式标题向左侧边距探出，最大限度地提高吸引力。

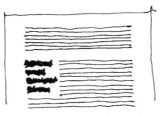

嵌入式标题被正文"环绕"，犹如正文被切去一块。

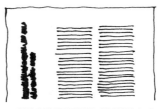

侧边标题需要侧转或以某种角度阅读（往上读比往下读好）。较为累赘。

这些题头并非严格意义上的标题，但既然也是"题"，那就需要明确其定义和身份。

固定标题用来表明定期重复栏目的标签。

栏外标题用来在连续的几页中重复所在栏目的名称。

跳页标题会重复主标题中的关键词，起到指示承接上文的作用。

表头标题是文字表格最左侧项目栏（竖表头）的标题。

分句标题。 相辅相成的两部分文字可以通过明显的连续标记体现彼此的联系。

碑式并排标题（跨页齐头）如果中间用直线分隔，是可以达到效果的。

关键词用大字号或不同颜色区分突出。作为**跳页标题**使用较为理想（见下）。

同模式标题表示元素之间具有相似性。这里示范了三种变化样式。标题的价值在于它们融合了文字的意义和视觉的形式，所以要给标题留出充足的空白，让人不会略过它们。

跨中缝标题（从左页横跨到右页）通常不太成功，除非文字足够大，引人注目。此类标题处于页面上四分之一处最好。切忌让中缝切断单词。

双重标题分成两部分，干净利落地解决了跨页的问题。标题第一部分以冒号、短横或省略号结尾，从而引出第二部分，往往由两行组成。

引题一般由一两个词组成，字号略小，末尾由冒号、短横或省略号引出标题的主要部分。

锤题是一组说明主题的词，字号往往比主题本身还要大。

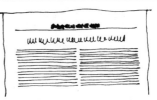

眉题是形式独立的短语或主题词，往往采用与正文形成对比的字号、色彩和字体特征。

标题中的字体

Goudy **Palatino** **Times** **Baskerville** **Garamond**

传统字体（Oldstyle）：沉静，温和，接近手写风格。字形完美到不惹人注意。笔画粗细部分过渡自然，衬线呈斜角，轴线（弧线笔画最细处的连线）是倾斜的。

Fenice **Bodoni** **Walbaum**

现代字体（Modern）：冷酷，高雅，机械感，直角，轴线竖直。笔画粗细之间的对比强烈，引人瞩目，在大字号的情况下尤为如此。衬线纤细并呈水平状。

Clarendon **Memphis** **Century Schoolbook**

板衬线字体（Slab Serif）：粗实，浓重，几何感，竖直。笔画粗细之间的对比很小。衬线厚重，呈水平状，末端切平——因此叫"板"衬线。易读性很高，因此常用于儿童的启蒙读物中。

Antique Olive **Formata** **Gill Sans** **Franklin**

无衬线字体（Sans Serif）：也称 Gothic 字体[1]。砍掉了所有衬线，基本上没有笔画粗细之间的对比变化，轴线竖直。只需要选择一种，因为大多数的无衬线体会包含大量变体和粗细度。将无衬线字体用作标题、衬线字体用作正文的，一般是出版物中的平庸之辈。

Reporter **Shelley Volante** **Zapf Chancery** **Linoscript**

手写字体（Scripts）：包含了许多不同风格的字体，它们看上去都像是手写出来的。一定要慎用（切勿将字母全部大写！），不过既然用了，就大胆地发挥它的特点，这类字体可以变成极具装饰性、吸引眼球、甚至极富诗意的元素。

Addled **SCARLETT** **FAJITA** **EXTRAVAGANZA**

装饰字体（Decorative）：无数种五花八门、奇形怪状、特立独行的字体，在一些特殊应用情境中可以使用。别只为了图好玩而去用它们，使用这些迥异的字体必须有合理的缘由。

只要标题内容含义明确易懂，在创意上并无限制。但永远别为了炫耀创新或是虚浮的"多样性"而把标题玩弄得过于花哨。

选什么字体？ 标题字必须易认，也需要引人注意，显得有趣。此外，正因它如此重要、显眼、反复出现，所以它赋予了出版物个性。

"字体"或者"字形"的选择实在有成千上万种（两者所指概念有别，但为了方便表述它们常常混用），**左图所示的**是六种基本类别。只要标题能够在形态、浓度、色彩对比上与正文形成反差，并且体现产品特色的话，任何字体都可以采用。做好选择的前提，是要理解任何一条标题本身并没有那么大的重要性，但以出版物整体的一部分来看待它，它又是至关重要的。

用衬线字体还是无衬线字体？ 取决于出版物想体现哪种视觉个性。有没有衬线并非首要，避免夸张使用则更重要。只要审度慎用，两者都能用好；如果使用不当（太宽、太窄、太怎么样），两者效果都会很差。

每篇文章都用不一样的字体？ 假如你的出版物不刊登广告，你自然无须反驳任何反对意见，也就更加自主。但是不要搞成一个奇装异服的舞台。用装饰字体来象征文章氛围是下策，只有在没有照片时才会考虑使用。

---

1 译注：此处 Gothic 字体与哥特体（Blackletters 或 Gothic Script）不同，指的是无衬线体。

全篇使用同一种字体？ 读者在翻动书页浏览时，会将标题当成页面之间组织有序的串流。标题之间的内部关系（从一种印象到另一种印象），和标题与正文之间单独的关系同等重要。如果你可以找到一款字体，拥有足够多的字重和式样变化：字号、醒目程度、斜体等等，那就用它吧。如果你想要与广告页抗衡，这类字体能够使内容页面脱颖而出。通过尽可能限制字体种类，从而建立刊物的个性特点。你可能很快会觉得无聊（但别人不会！），但还是要坚持用下去——它会最终成为你的形象，你的声音，成为一个认知的符号，其价值会与日俱增。

Italic
Thin
Light
Light Italic
Medium
Medium Italic
Bold
Bold Italic
Regular Condensed
Extra Compressed
Bold Condensed
Extended
Med. Outline
Bold Outline
Bold Condensed Outline
Shaded Center
Medium Shaded Right

Helvetica 字体，最丰富的字体家族之一，所含字体版本之多，满足一本出版物对"多样性"的要求绰绰有余，同时又不违背统一而主导性的风格特征。

标题要大？ 字越大，就像喊得越响，字号本身就是一种语言。作为一种视觉样式，它通过外观来传递相对价值：大小，相当于重要程度。不要为了填充一块空间而把标题撑大，否则会误导读者，而是应该建立一套标准化的规则，坚持沿用。

字号可以有无数种变化，但如图所示的一系列数值无论是在过去还是现在都最为常用，各尺寸进阶差值符合逻辑规律，并且相互之间能明显区分。

141824303642486072 84

标题要短？ 对。精简才能应用效果抓住眼球。不过可能还需要通过辅题和引子，对标题加以阐释，宣传故事的价值，阐明得越清晰，文章就越难以被抗拒。然而，一段能让读者笃信文章有何益处的描述，比言简意赅的标题更有价值，也许会多写几个字，但也会带来更多读者。

OUCH !

120 点的 Impact 字体，用 25% 灰度印刷，避免成为整个页面的主导。想象一下如果用 100% 黑色，冲击效果该会是怎样的。

标题要长？ 也没错。只要能满足勾起好奇心的需求就行。在同样的空间中，字号变小、字体变粗，引起的注意力是差不多的，但能够容纳更充实的宣传信息。

This headline is set in big Gill

这行标题使用大号 Gill 字体。

This head in smaller, bolder, Gill tells more in same space

这行标题字更小更粗，同样采用 Gill 字体，能放下更多信息。

This is a headline in big type

This is a headline in big type

24 点 Helvetica 字体，第一行为正常字体，第二行横向压缩至 40% 宽，第三行横向拉伸至 160% 宽。

This is a headline in big type

为了调整文字适配版面，我们可以利用字母的不同宽度作为参考，以下是常见的规则：

ABCDEFGHJKLNOPQRSTUVXYZ234567890 I1 MW

CAPS: all letters are a unit wide except **I** and **1** which are a half, and **M** and **W** which are two units.

大写： 所有字母宽度近乎一个单位，除了字母 **I** 和数字 **1** 占据半宽，字母 **M** 和 **W** 占据两个单位宽度。

abcdeghknopqrsuvxyz234567890 fijlt1 mw

Lowercase: all letters are a unit wide except **f i j l t 1**, which are a half, and **m** and **w** which are two units.

小写： 所有字母宽度近乎一个单位，除了字母 **f i j l t** 和数字 **1** 占据半宽，字母 **m** 和 **w** 占据两个单位宽度。

千万不要挤压或拉伸字体，即便电脑看似支持这种做法。字体设计师对字母的形状、节奏、间距之间的比例关系进行了精心研究，才使易认性达到最优。篡改这些比例，削足适履地把单词塞进空间里，将会破坏它的美感。应该遵照金属活字时期制作标题的原则：规定好每种字号、每种栏宽下最长的字符数，配合字数来编辑（以及重写）标题。花这些额外的工夫是值得的。

CAPITAL LETTERS MAY LOOK IMPORTANT AND DIGNIFIED BUT THEY EAT UP SPACE; BESIDES, THEY ARE HARDER TO DECIPHER THAN LOWERCASE. IS TRADITION A GOOD ENOUGH REASON TO MAKE READERS SUFFER?

大写字母固然显得庄严重大，却耗费许多空间；另外辨识难度比小写字母高。难道传统做法可以成为让读者受罪的理由？

避免成堆的全大写字母，因为辨认起来十分困难；而是应当用大写字母来突出一两个值得特别注意的关键词。为什么全大写字母更难读呢？因为：

EACH WORD IN ALL-CAPS IS A RECTANGLE □□□

but each lowercase word has its own outline shape

用大写字母组成的每个单词相当于一个个矩形，而每个小写字母单词轮廓形状各有不同

I bet that you can not read this headline easily:

我打赌你读这行标题会很吃力

But I'm sure that this is very easily deciphered

但这行肯定简单多了

AND THIS IS EVEN MORE DIFFICULT TO FIGURE OUT

这一行则更加难以辨认

字母的升部和降部给予了每个单词独有的形状特征。再者，字母的底部并不是最重要的部分，字母顶部弯弯曲曲的轮廓才是让单词易于辨识的关键。

避免"上上下下"的全首字母大写样式。 这样很难读。尽管我们习惯这种做法，并且认为这是标准做法，没错，这就是传统的标题处理方式。可是为什么这么做？（看看你解读这段文字花了多少工夫？）说到底，标题显眼是因为它们本身就比正文字体更大更粗，既然这样，何必多此一举呢？小写字母使阅读更顺畅、更迅速。再者，全首字母大写会剥夺标题正确表述某些名字和缩略词的功能，因为它们仅凭大写字母无法从周围文字中脱颖而出。到处都是大写字母时，大写就贬值了，变成了无意义的破坏性的式样。

Setting Type This Way Makes As Little Sense aS dOES tHIS iDIOCY, wHICH iS mERELY iTS rEVERSE, But We Are So Used To The Up And Down Style That We Believe All Heads Are S'posed To Look This Way. Jan White Says This Looks Like Visual Hiccups. OK, Where In This Mess Is The Proper Name Or The Acronym? Can You Find Them, Fast? (Immediacy Is The Essence Of Display!)

这里的 OK 像是个缩略词么？

把文字设置成"全首字母大写"，就跟反过来设置成"除首字母外全大写"一样愚蠢而毫无意义。但我们习惯了这种上蹿下跳的样式，还以为所有标题都应该长这样。在下詹·怀特认为，这种效果就如同在视觉上打冷嗝。OK，这段混乱的文字当中哪儿有专有名词或者缩写词呢？你能迅速找到它们吗？（即时性应当是标题字的要义所在！）

短行大字，要使用左齐右不齐的样式。 这样才能避免不规则的词间距（甚至更糟糕的字母间距）扰乱顺畅的阅读节奏。标题不应当成为目光的障碍道。

BAD TYPE SPACING

糟糕的文字间距

Never justify big type in narrow columns because that leads to bad spacing.

Never justify big type in narrow columns because that leads to bad spacing.

切忌给窄栏大字设置两端对齐，否则会导致间距失调。

避免字母间距失调： 字号越大，字母间距应当越紧，从而使单词识读速度变快。为了让字词填充某个空间而将字母掰开，是不可取的作弊方法。

We recognize (i.e., read) words as letter-groups and disintegrating them artificially this way just slows reading speed even if it looks cool.

我们识别（即阅读）文字是靠人工拆分字母组合而实现的。这种排版只会拖慢阅读速度，哪怕它看上去很酷。

避免标题垂直居中。 标题引出下文，标题归属于下文，因此标题到下文的间距应该比到上文的间距更紧。把一本刊物中所有的标题都放到一起看，这可不是微不足道的小细节。

this type represents the last three lines of the text in the story above, that precedes the following headline.

This headline floats

This shows the first line of the text in the next story. The headline floats halfway between them, belongs to neither.

this type represents the last three lines of the text in the story above, that precedes the following headline.

Anchored headline

This shows the first line of the text in the next story. The head placed closer to it belongs to it visually and logically.

此处是上一段的末三行文字，紧接着的是下面的标题。
飘浮在中间的标题
此处是下一段文字。由于标题悬在两段空隙当中，感觉上不属于任何一段。

此处是上一段的末三行文字，紧接着的是下面的标题。
有所归属的标题
此处是下一段文字。由于标题离这段比较近，从视觉上和逻辑上感觉是属于这段的。

This headline sits
centered
in its space

This headline sits
centered
in its space

这行标题在空间中居中对齐
拆成等面积的两块空白

This headline
is ranged
flush-left

这行标题左齐右不齐
一大块完整的空白

这行标题在空间中居中对齐

1. 空间。 居中导致了左右产生零碎的空白（图中灰色区域）。而整体左对齐留出的大面积空白形成的强烈对比，效果则好多了。整块空白不仅仅与标题文字的黑色形成反差，也带来了一些"新鲜空气"，使页面效果更轻松。

2. 拆解。 把一行行文字像馅饼一样堆叠起来，会把每一行都拆分成独立的元素，使目光移动速度降低。

3. 装腔。 这种装模作样、煞有介事的格式，进一步夸大了标题的自负感，把它变成了一个独立存在的对象，然而它应该只是用来引介正文的。再说了，谁会把流畅连贯的思想塞到一个蝴蝶形状，或者是罗夏墨迹测试的形状里去？

4. 断句。 按照口语中停顿的方式换行，是最符合逻辑的做法。而将文字靠左对齐后，会鼓励读者继续阅读，因为换行后眼睛不需要重新定位行首位置。

We hold these truths
to be self-evident, that all men
are created equal,
that they are endowed
by their creator
with certain
unalienable rights,
that among these are life,
liberty and the pursuit
of happiness.

这段文字本身并不是"标题"，况且也太长。这里只是故意用来夸张一下效果，直观地说明问题。示例文本：《独立宣言》

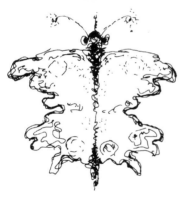

We hold these truths
to be self-evident, that all men
are created equal,
that they are endowed
by their creator
with certain
unalienable rights,
that among these are life,
liberty and the pursuit
of happiness.

We hold these truths
to be self-evident,
that all men are created equal,
that they are endowed
by their creator
with certain unalienable rights,
that among these are
life, liberty and
the pursuit of happiness.

哪个版本更清楚，读起来更快？

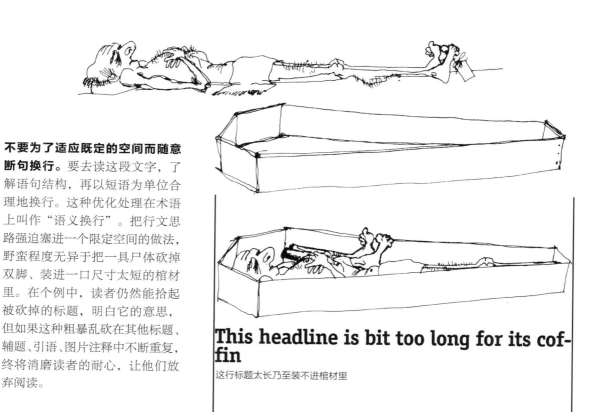

不要为了适应既定的空间而随意断句换行。要去读这段文字，了解语句结构，再以短语为单位合理地换行。这种优化处理在术语上叫作"语义换行"。把行文思路强迫塞进一个限定空间的做法，野蛮程度无异于把一具尸体砍掉双脚、装进一口尺寸太短的棺材里。在个例中，读者仍然能拾起被砍掉的标题，明白它的意思，但如果这种粗暴乱砍在其他标题、辅题、引语、图片注释中不断重复，终将消磨读者的耐心，让他们放弃阅读。

This headline is bit too long for its coffin

这行标题太长乃至装不进棺材里

Type is speech made visible:so just open your eyes and listen

文字尺寸的变化会影响文字的意义。把图中的文字读出来，根据字号大小调节音量强弱。有没有感到字号的大小诠释并强化了文字的意义？

文字是语言的视觉化呈现：所以睁大你的眼睛，并且仔细倾听

Type is speech made visible: so open your eyes and listen

文字**是**语言的**视觉化**呈现：所以睁大**你的**眼睛，**并且**仔细倾听

Typography can crystallize a tone of voice: it can be RAISED or LOWERED; it can appear to *shout*—or it can appear to *whisper*

Typography can crystallize a tone of voice: it can be raised or lowered; it can appear to **SHOUT**—or it can appear to whisper

Typography can crystallize a tone of voice: it can be raised or lowered; **it can appear to shout—or it can appear to** whisper

通过字符排印，文字的语调得以具体化：它可以是高亢的，可以是低沉的；可以看起来像是在呐喊——或是悄声细语

The buck stops here.

标题句末**避免使用句号**。它们的作用是停止，这不是你想要的。还要避免使用感叹号，这些都是廉价的伎俩。

!

Heads that focus attention on the photo and then promise a benefit need a minimum of 18 words

将眼球吸引到图片上且让人感到内容料足的标题至少需要 18 个单词

In advertisements, the photo attracts the viewer's first attention, but because everyone can interpret an image their own way, we must focus their attention on what it is that we want them to notice in the picture. Having done that, we then have to motivate them to read the text in the advertisement by promising them a benefit.

The text will then excite them enough to fill out the coupon and send for a free sample. So says advertising guru David Ogilvy in his "Confessions of an Advertising Man." In editorial work heads need to be as long as they need to be. (Perhaps you noticed how smoothly your eye moved down to the text?)

在广告中，照片最先吸引读者的眼球，然而因为每个人诠释图片都有自己的方式，我们必须让他们注意到我们想让他们注意的东西。做到这一点后，我们还要承诺他们可以享受到某种益处，从而激励他们去阅读广告中的文字。而这些文字会让他们兴奋不已地填好回执寄出去，申请一份免费样品。广告业传奇人物大卫·奥格威在《一个广告人的自白》一著中如是说。在期刊作品中，标题需要多长就写多长。（也许你注意到了，你的目光自然而然地就往下移动到了这段文字中？）

让第二行文字短一些。这样眼睛距离下面正文段首会更近，促使人继续阅读。

Lists are quick, good, and justly popular
Lists are quick, good, and justly popular

避免使用下划线。下划线会干扰字母的降部（g、j、p、q、y 等字母的下半部分），使文字信息识别的难度略微增加。

切忌竖向排列字母，开玩笑也不行。否则可怜的读者要像幼儿园小朋友那样把单词一个个认读出来，因为字母与相邻字母之间、字母与间距之间熟悉的关系被破坏了。

Où sont les neiges d'antan? Where are the snows of yesteryear?

Best bet wet-pet set: fish

避免矫揉造作——除非你使用的双关语恰到好处，启人深思，否则标题的严肃性就会贬值。

几种基本的标题对齐方式比较。 阅读其中的一些文字可能有助于你认同我个人的喜好。这并不是偏见，而是在观察、研究、实践经验的基础上做出的建议。做决定时，决不应当只考虑外在样式如何，而是要考虑在既定的环境下，某种特定的解决方案是否能**发挥作用**。所有编辑与设计的工作，都是阐释性的选择工作。

居中对齐，与语言的流畅性以及组词造句在排印上的转化是背道而驰的。所有元素都应该围绕文字栏的左侧边缘展开。这条边缘是读者每次阅读下一行文字时，目光一定会返回的地方。左边缘是整个文字栏真正的重心所在。

THIS HEADLINE IS CENTERED ON THE MATERIAL BENEATH. TRADITIONAL, SELF-IMPORTANT, DIGNIFIED BUT STATIC, A STACK OF PANCAKES REPELLENT IN ALL-CAPS

mmmmmmmmmmmmmmmmmmmmmmmmmmmmmmmmmmmmmmmmmmm
mmmmmmmmmmmmmmmmmmmmmmmmmmmmmmmmmmmmmmmmmmm
mmmmmmmmmmmmmmmmmmmmmmmmmmmmmmmmmmmmmmmmmmm
mmmmmmmmmmmmmmmmmmmmmmmmmmmmmmmmmmmmmmmmmmm

这段标题居中对齐，置于正文上方。传统，自恃，庄严，而又呆滞，如同一叠馅饼，全大写字母令人反感

This Headline Is Centered on the Material Beneath; Traditional, Self-Conscious, Formal, Dignified but the Discredited Up-And-Down Style Makes it Undecipherable

mmmmmmmmmmmmmmmmmmmmmmmmmmmmmmmmmmmmmmmmmmm
mmmmmmmmmmmmmmmmmmmmmmmmmmmmmmmmmmmmmmmmmmm
mmmmmmmmmmmmmmmmmmmmmmmmmmmmmmmmmmmmmmmmmmm
mmmmmmmmmmmmmmmmmmmmmmmmmmmmmmmmmmmmmmmmmmm

这段标题居中对齐，置于正文上方；传统，自大，正式，庄严，然而恶名昭彰的全首字母大写格式，让文字难以辨认

This headline is also centered on the material beneath; traditional, self-conscious, formal, dignified but static, like a lump on a log; all-lowercase is better—but still dead

mmmmmmmmmmmmmmmmmmmmmmmmmmmmmmmmmmmmmmmmmmm
mmmmmmmmmmmmmmmmmmmmmmmmmmmmmmmmmmmmmmmmmmm
mmmmmmmmmmmmmmmmmmmmmmmmmmmmmmmmmmmmmmmmmmm
mmmmmmmmmmmmmmmmmmmmmmmmmmmmmmmmmmmmmmmmmmm

这段标题也是居中对齐，置于正文上方；传统，自大，正式，庄严，而又呆滞，木头木脑；小写字母改善了效果——但依旧死板

This headline is set flush-left with the type below; it follows eye motion since all type lines start at far left, thus encouraging continuity of reading

mmmmmmmmmmmmmmmmmmmmmmmmmmmmmmmmmmmmmmmmmmm
mmmmmmmmmmmmmmmmmmmmmmmmmmmmmmmmmmmmmmmmmmm
mmmmmmmmmmmmmmmmmmmmmmmmmmmmmmmmmmmmmmmmmmm
mmmmmmmmmmmmmmmmmmmmmmmmmmmmmmmmmmmmmmmmmmm

这段标题左齐右不齐，与下方正文一致；因为所有正文都从最左端起始，它顺应目光的移动方式，从而促使人连续阅读

Use an arrangement that reflects the phrasing of the words so the way it is laid out helps transmit the message fast and vividly

mmmmmmmmmmmmmmmmmmmmmmmmmmmmmmmmmmmmmmmmmmm
mmmmmmmmmmmmmmmmmmmmmmmmmmmmmmmmmmmmmmmmmmm
mmmmmmmmmmmmmmmmmmmmmmmmmmmmmmmmmmmmmmmmmmm
mmmmmmmmmmmmmmmmmmmmmmmmmmmmmmmmmmmmmmmmmmm

这段采用的设置，反映了语句的组织方式，因此排版效果，有助于迅速而生动地传达信息

This is a headline that works

The topic attracts attention by size and dominating blackness. This contrasting deck expands on it and explains its significance resulting in a one-two punch

mmmmmmmmmmmmmmmmmmmmmmmmmmmmmmmmmmmmmmmmmmm
mmmmmmmmmmmmmmmmmmmmmmmmmmmmmmmmmmmmmmmmmmm
mmmmmmmmmmmmmmmmmmmmmmmmmmmmmmmmmmmmmmmmmmm
mmmmmmmmmmmmmmmmmmmmmmmmmmmmmmmmmmmmmmmmmmm

这是真正发挥作用的标题，用大字号、主导视觉的粗体字，让主题吸引注意力。而与之形成对比的辅题，对标题加以拓展，解释其意义，起到连续出击的作用

Grey fog should be first words of headline, followed by some *What'sInItForMe*

mmmmmmmmmmmmmmmmmmmmmmmmmmmmmmmmmmmmmmmm
mmmmmmmmmmmmmmmmmmmmmmmmmmmmmmmmmmmmmmmm
mmmmmmmmmmmmmmmmmmmmmmmmmmmmmmmmmmmmmmmm
mmmmmmmmmmmmmmmmmmmmmmmmmmmmmmmmmmmmmmmm

"灰蒙蒙的雾"几个字应该在标题开头，接着是体现"这篇文章对我有什么益处"的文字

图片与文字的组合若想让人难以抗拒，需做到1）图片位于标题上方，从而使标题起到注释效果；2）标题内容关联图片；3）标题本身也体现了文章对作者的价值。

Chief thief **promoted to CFO**

mmmmmmmmmmmmmmmmmmmmmmmmmmmmmmmmmmmmmmmm
mmmmmmmmmmmmmmmmmmmmmmmmmmmmmmmmmmmmmmmm
mmmmmmmmmmmmmmmmmmmmmmmmmmmmmmmmmmmmmmmm

盗贼头领晋升首席财务官

把小图片安插到文字中，就像字谜画一样，使标题更生动而具有个性，同时点明意义。

This story is about type in the headline

mmmmmmmmmmmmmmmmmmmmmmmmmmmmmmmmmmmmmmmm
mmmmmmmmmmmmmmmmmmmmmmmmmmmmmmmmmmmmmmmm
mmmmmmmmmmmmmmmmmmmmmmmmmmmmmmmmmmmmmmmm
mmmmmmmmmmmmmmmmmmmmmmmmmmmmmmmmmmmmmmmm

这是一篇关于标题**字体**的文章

放大关键词，让它主导视觉，引起兴趣。

This story is about color type **in headlines**

mmmmmmmmmmmmmmmmmmmmmmmmmmmmmmmmmmmmmmmm
mmmmmmmmmmmmmmmmmmmmmmmmmmmmmmmmmmmmmmmm
mmmmmmmmmmmmmmmmmmmmmmmmmmmmmmmmmmmmmmmm
mmmmmmmmmmmmmmmmmmmmmmmmmmmmmmmmmmmmmmmm

这是一篇关于标题文字色彩的文章

This story is about **color type** in headlines

mmmmmmmmmmmmmmmmmmmmmmmmmmmmmmmmmmmmmmmm
mmmmmmmmmmmmmmmmmmmmmmmmmmmmmmmmmmmmmmmm
mmmmmmmmmmmmmmmmmmmmmmmmmmmmmmmmmmmmmmmm
mmmmmmmmmmmmmmmmmmmmmmmmmmmmmmmmmmmmmmmm

这是一篇关于标题**文字色彩**的文章

把关键词换成其他颜色，不过其实是把关键词设置为黑色，剩下的词换成其他颜色更好。黑色油墨能制造出与白纸最强烈的对比，因此比任何色彩都要突出，甚至是大红色。任何别的色彩都比黑色浅，制造出的反差也比黑色弱，哪怕是明亮的、纯粹的亮黄色。

辅题中的字体

辅题是三部曲的中间桥梁：

标题（1）提出了基本的概念，

辅题（2）指明其意义，

第一段（3）正文体现它的实用性。

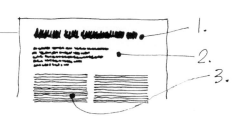

辅题将文章内容针对个人加以陈述，说服潜在读者阅读正文。**销售利器是也。**不过辅题如果过长，也不会有人愿意去读。

不要折损辅题的价值，用露骨夸张的言辞让它失去读者的信任。切勿重复标题中的词，也不要预告正文中的内容，否则会让读者懊恼浪费了时间。

字体：应该和标题一致（略小一点）还是和正文一致（略大一点）？这要根据刊物的风格样式来选择，也要看文字内容写得更"归属"于标题还是正文。无论哪种情况，该格式在整部出版物中应当统一标准，成为其风格特征。

字号显然要比正文略大，体现其重要性。更加关键的是：读者浏览辅题时，手持页面与眼睛的距离比慢读细品时要远。因此辅题需要用大字和足够疏松的间距来促进快速的阅读——尤其是当句子较长的时候。

辅题行长较短时，最好设置左齐右不齐，避免强制两端对齐导致单词之间出现不均匀的空隙。有规律的节奏，对于流畅地速读来说十分关键。

"这毫无疑问是最棒的……"

真的是吗？

"告诉你要告诉他们的，
再告诉他们，
一遍又一遍地告诉他们。"

这句愤世嫉俗的新闻界老话，在如今分秒必争的时代中已经不管用了。

You want to have standardized word spacing between words specially in narrow columns

按照语义断句换行，以词组短语为单位，方便以最快速度理解，把它们斜向排列成不加约束的流线形状。

在页面上**形成大小、色彩、文字灰度的对比**，把辅题以短行堆叠的形式排列在正文的左侧。

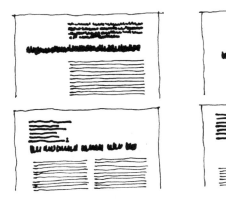

前置辅题是用来引出正式标题的辅题。它们可以独立成句（在标题出现前稍许停顿），或者可以和标题的句式直接相连。这两种不同情况在字体排印中也有体现。**标点符号**（冒号、省略号等）可以用来当作承接前置辅题和标题的桥梁。

梗概是精简概括后的文章内容，独立出现，供读者快速参考。信息获取率和关键词查得率是两个重要的因素。梗概需要包含清晰、扼要的信息，又要不着痕迹地推销内容。采用正式的排版格式会比较符合它们严肃而具有学术气息的语境。把段落居中放置，显得庄重；设置两端对齐，因为右侧参差不齐会让人觉得随随便便；放在页面的最上端，标志着新文章的开始。

摘要是非常传统而一本正经的总结性文字，一般限制在 120 个词左右，调查报告的摘要会引述问题／方法／趋势／结果／结论，评论性文章的摘要则会引述论点／论据。通常摘要会放在第一段，以粗体显示，字号比正文大一号。（把它们居中独立放置的做法更好：读者可以更轻松地跳过它。）

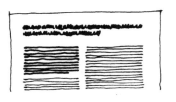

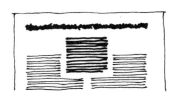

跨栏标题、插题

不恰当的小标题，只是"**把文章拆分开来**"。文章在写作时是连续的行文，写完放到页面上后，就被各种安插的元素扰乱，哪里好看就插到哪里。文中一些重要的词句被摘出来重复强调。以前报业总是遵循着"1 美元钞票准则"，要求每隔 6 英寸（15.24 厘米，1 美元纸币的宽度）就要有一个小标题，不管是否合理。如此狗尾续貂之法，无论多么受到传统的推崇，都不如从功能性上思考来得有诱惑力。

恰当的小标题，是**指向意义的路牌**，一种全力以赴应对当下急功近利的读者需求的态度：简化，分段，分类……让文章在读者瞥到第一眼时就发挥作用。

讲述故事　一种层次的读者（速读者），对笼统的概念感兴趣；另一种层次的读者（慢读者）则想要看到细节。一篇文章通常由一系列有先后顺序的部分构成——每一部分由标题示以区分。在这些部分中，每个段落所讲的重点都由第一句话体现。

这样做的目的是让读者可以先扫描粗体标题，**通过快速预览掌握文章的精要**。他们可以略过不太感兴趣的内容。我们希望把最有意思的内容放在最前面，可能会诱使他们继续阅读。小标题就应该是这些迷人的点睛之笔，言简意赅，格式醒目，引人注意。

制造产品　这种思考和写作风格的难点在于，作者需要在下笔前胸有成竹，才能将故事按照顺序和逻辑组织起来。当然这不适用于所有情况，但如今大部分的文章都不是具有文学修养的思想性文章，理应好好调教一番。最终的结果是对读者友好。

小标题中的字体

有对比，才能让小标题突出。为了和正文区分开来，有这几种方法：

Boldness（粗细）
如果粗体足够粗，能够像此例一样制造出鲜明的颜色差别时（此处采用 Trump Mediæval 字体），这就应该是最好的方法。建议正文和标题使用同一字体，在创造与众不同、易于辨识的风格特征的同时，也保持格式的简洁。

Size（尺寸）
此例有些夸张了：14 点的标题字搭配 10 点的正文字，有些过了头，不过毫无疑问达到了突出的效果。如果小标题比这一个单词再长一些，恐怕就显得太大了。12 点的字号应该恰好能满足需求，甚至更好。

TEXTURE（全大写）
用太多全大写字母不是个好主意，因为太难读；单条小标题还不成问题，但要想象一下你需要处理多少标题，积累起来就成了问题。

Italics（斜体）
常用方法，因为能与常规体形成差异。麻烦的是，有些斜体比常规体看起来浅一些，导致两者之间的反差难以察觉。多数无衬线字体的斜体与常规体的浓度相似，而且它们只是倾斜而已，没有明显变化。这种情况下，可以把小标题写成两行加以突出，或者放大字号，或者增加周围的间距，作为补充手段。

Typeface（字体变化）
在正文的衬线字体环境中出现了这么一个无衬线字体，Helvetica 字体被 Trump Mediæval 字体环绕着。或者反过来：在无衬线字体排版的正文中插入衬线字体的小标题。

Reverse type（反白字）
要注意，这种方法有点过头。如果底色不是这样故意做成略低调的灰色，而是黑色的话，就尤为不妥。

**Doubling up（双行
the lines　小标题）**
能制造出对比更强烈的视觉焦点，还能多说两句——这是吸引读者阅读文字的宝贵因素。如果你要使用双行小标题，就不要在同一篇文章中再混入单行小标题，那样看起来就不整洁统一。

制定一套风格，坚持沿用到底。太多标题的变化会让读者无所适从。而另一方面，你也需要保持足够的多样性，来表达不同的语调和重点。也许读者并不能像编辑和设计师那样察觉出你增加的视觉变化，很可惜，但不引起他们注意也是件好事。读者应当被文章内容深深地吸引，丝毫都不在乎它的呈现效果如何。

文字栏顶端的小标题上方，以及文字栏底端的小标题下方，**至少需要有三行文字。**这神奇的三行正文会把小标题包围起来，让它归属于文字栏内部，担任插入元素的角色。

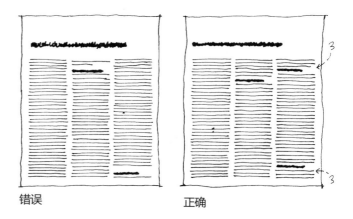

错误　　　　　　　正确

文字栏最顶端的小标题是个很严重的错误，尤其是当它处于大标题下方的时候：它会过于显眼，把读者直接引到它那儿去，直接忽略了左边的文字。它还容易被误认为是另一篇新文章的开始。

错误

正确

正确

单行和双行小标题的混搭，看起来既不舒服又拙劣。把它们都统一成单行或双行，并相应地调整为最妥当的用词。风格一致，才能给人留下娴熟而细心的印象。

寡行和孤行，是特别容易被人逮到的"错误"，因为它们十分扎眼。它们也并非那么糟糕，至少还给段落带来一些喘息的空气，但是当它们出现在文字栏顶端的时候，就尤其难看，且不齐整。（孤行是在新的一页顶端出现的寡行。）

小标题与正文的位置关系是十分重要的细节。不能把小标题放在靠近段落末尾的地方，像这样

这行小标题放错了地方

因为看起来它属于前一段，这就错了。如果将小标题放在前后两段间的正中位置，看起来也许就比较整洁，这也可能是用计算机键盘撰稿时最方便的做法，但效果是中性的：

这行小标题悬浮在中间

小标题的实用目的是为了引介后面的材料，让读者于潜移默化间就被引导进去，像这样：

这行小标题的位置正确

这就是小标题与正文的上下位置关系。接下来我们看左右位置。

你觉得把小标题藏在哪儿最好？不如伸进正文中间吧，让它淹没在周围灰色的文字水银中。尽管初中老师规定，中间才是放标题的正确位置，你也从此这么相信了，但是时候重新想一想了。这样太呆板，太故作姿态，更何况会掩盖掉这行

居中的小标题

但阅读是从左往右线性连续的过程，每一行都从最左端开始。为了使眼睛的移动过程更有节奏，不打断动势才是明智的做法。而居中标题正有这个问题，每一次这样的停顿都会让读者意识到阅读动作本身（这会促使人停止阅读）。

左对齐的小标题

延续了流畅一致的阅读动作，同时也让深色的文字与右边一大块空白形成对比，使小标题更生动而醒目。（居中显示则会把空间拆成不起眼的两小块。）如果要最大限度地吸引注意力，可以用

悬挂缩进的小标题

向栏左的空白处伸出去。它会把好奇的读者带进来阅读正文（如果小标题承诺了他们什么有趣的内容的话）。有时你也可以

玩一些小花样，比如将小标题沿着文字栏右侧右对齐。

右对齐的小标题

为什么呢？为了与众不同——一个完全无法反驳的理由。前提是你不需要依赖其他实用性的因素。

深度缩进的小标题

如果你的正文段首缩进特别深，就让小标题的缩进也与之对齐。一般西文排版缩进单位是1em（即字号的尺寸，如果你用的是12点的字体，缩进值就是12点）。如果想要更含蓄一点的分段，可以考虑使用

嵌入行文的小标题，读着读着就直接进入了它所在的句子中。它没有独立小标题那样张扬，不过加粗的这些词最好是值得强调的词。还有一种变化的方法，就是把小标题中的文字作为独立短语，用句号结束：

插题。不过这样单独一个词有多大的鼓动性和信息量，能把读者吸引到正文里来，值得怀疑。不管怎样，插题（和其他小标题一样）前面应该留出一丝空间，并且不能缩进，否则就不能起到吸引注意力的作用。

你也可以再小标题上加一条线，增加它的力度、醒目程度和色彩深度。但是

这条线要在上面

而小标题要在下面。直线好似一面墙，将两个元素分割开来。你想做的是把小标题和上文分开，而不是和下文分开，因为下文是它归属的地方。

小标题不能有下划线

因为它在视觉上分割了正文和标题。

你还可以把小标题堆叠成一竖排，插入文字栏左侧的缩进空间，也能产生很大的冲击力：

这是一段在缩进空白里堆叠的小标题 这个做法有一点危险，因为"环绕文字"有可能使文字栏中剩余的空间太窄，导致词间距，甚至字母间距失调。故只可在宽度足够容纳插入元素的分栏中使用该方法。

小标题技巧汇总。这些方法还能结合字号、粗细、字体风格，变换出无穷多的花样。可能无限，所有方法都是"对的"，没有禁忌，只要它能够帮助我们传达信息。或者说，小标题至少不要阻碍信息的传达。怎样会呢？比如做得太浮夸太格格不入，以至于读者的注意力从信息转移到了技巧本身上面。绝不能让人说："喔唷，看这个小标题多滑稽。"

大写首字母

大写首字母比小标题的运用更广，更生动，视觉效果更有个性。大写字母也能攫取注意力，给页面增加视觉冲击力，有助于打造个性化的刊物产品。而且它们其实不含任何信息，哪里需要视觉效果就可以用在哪里，尤为实用。不过用起来也有危险，因为它暗示了"这里有新的内容开始了"——这一点必须属实，不然读者就会感到受了欺骗。

像上面第一段里的 I 那样站在第一行的样式，叫作"直立式"。如果像下面的 T 这样插进正文里的，就叫做"下沉式"。

大写字母所处的空间必须仔细专门设置，才能妥善容纳不同宽度的字母。（I 显然就比 M 窄。）

大写字母还需在纵向上对齐，精确地嵌入文字行中。如果大写字母像脱了锚一样漂浮在所属的正文周围，就显得再业余不过了。不过，视觉的细节处理也要考虑：注意 T 的顶端是如何与正文部分的第一行对齐的。（正文字母的升部延伸到了外面。）再注意一下它是如何与左边的空间交错的，底部的衬线对齐的是文字的左侧边缘。这些优化处理都是随着每个字母的不同形状而变化的，这是明智的做法，因为首字母尺寸巨大，会获取较高的注意力。

Initials are widely used instead of subheads because they add color and graphic personality. They also grab attention, add some visual strength to the page and can help personalize the product. They are especially useful because they don't actually say anything, so they can be inserted wherever they are needed visually. However that is dangerous, because they also imply that "something new starts here"—so it had better be so, or the reader feels cheated.

They are called **"upstanding"** if they appear to stand in the first line, as the I above. They are "cut in" as **"dropcaps"** if they are inserted into the text, as the T below.

The space in which they fit must be tailored carefully to accommodate the various widths of the characters of the alphabet. (The I is narrower than the M.)

They must also align vertically so they fit into the text precisely. Nothing is more amateurish than initials that float around unanchored to the text to which they belong.
But visual subtleties should also come into play: notice how the top stroke of this T aligns with the body of the text in the first line. (The ascenders poke up into space.) Also how it overlaps into space at left, allowing the serif to sit on the left-hand edge of the text. These are refinements that vary with each letter's shape. They are advisable if the initials are very large and command much attention.

分量最足的是这个："独立式"，或称**"悬挂式大写首字母"**，像这样放在文字栏之外。

The biggest bang for the buck: freestanding or **"hanging initials"** placed outside the column like this.

L 错误
etters have shapes that need to be handled specially, if the initials are large and therefore command much attention. As in this case, where the first line of the text doesn't tuck into the space left in the inside of the L.

P 错误
ush the letters of the text into the space left under the overhang of the P, F, and T, so that the letters create a word as naturally as possible. In the following example, the edge of the text deosn't align with the slanting edge of the letter A. Does it matter? Yes.

A 错误
lways go to the extra effort of perfecting the typographic detailing. It is worth it, because it makes the product appear carefully crafted; and if it looks that way, chances are that its intellectual content will be perceived as just as dependable and credible. The A requires text to be corbelled, whereas V and W require pyramiding.

L etters have shapes that need to be handled specially, if the initials are large and therefore command much attention. As in this case, where the first line of the text tucks into the space left in the inside of the L.

P ush the letters of the text into the space left under the overhang of the P, F, and T, so that the letters create a word as naturally as possible. In the following example, the edge of the text aligns with the slanting edge of letter A. Does it matter? Yes.

A lways go to the extra effort of perfecting the typographic detailing. It is worth it, because it makes the product appear carefully crafted; and if it looks that way, chances are that its intellectual content will be perceived as just as dependable and credible. The A requires text to be corbelled, whereas V and W require pyramiding.

首字母尺寸巨大，十分引人注意，因此需要小心处理字母的不同形状。此例中，第一行文字没有伸进 L 留出的空间里。

把正文字母推进 P、F、T 等字母悬垂部分下方的空间里，尽可能自然地与首字母组成一个单词。在下面的例子中，正文也没有与 A 字母的斜边对齐。这要紧吗？当然了。

永远要精益求进，苛求字体排印细节的完美。努力是值得的，它让整个产品显出精心打磨的品质；如果看上去是这样，大多人也会认为它的思想内容也值得信赖。A 旁边的正文需要呈倒阶梯状排列，而 V 和 W 旁边的正文就需要呈金字塔状排列。

优劣比较： 右边的版本读起来多么轻松啊。没错，不能像左边那样，仅仅切出一个标准的五行缩进，而是要花更多工夫。

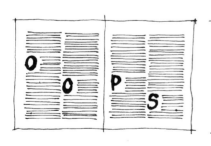

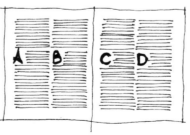

大写首字母也会是陷阱。 注意别让它们恰好拼成一个你不想要的单词，否则这个大写的尴尬就会发生在页面最明显的地方。同样也要避免不经意间的（"墓碑式"）跨栏对齐。

边线： 另一种吸引人注意正文的技巧，通常表示技术文档中修改过的，或新的材料。杂志中不常见，编辑和设计师不太会想到用这种方法。如果这条直线不是数字绘图，而是像右边那样手写的话，则表达出一种即时性，以及与编辑个人的联系，就像在页边手写评注一样。

这主意不错，下次就用这个吧！

引用语、引文、引子、导读

制造产品　没有图片素材来制造重要的第一印象时，引语往往用来当作引起兴趣的诱饵，但是引语远远胜过一张二流的图片。

引语用思想来贿赂读者，把他们拉进文章里。充满想象力和鼓动性的话语能引起他们的注意，而如果这是来自真人的原话，就愈加成为一种难以抗拒的思想偷窥。

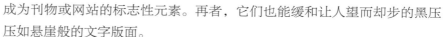

作为一种视觉元素，引语是图画的经济替代品，况且如果插入引语的式样一致，其视觉风格还会成为刊物或网站的标志性元素。再者，它们也能缓和让人望而却步的黑压压如悬崖般的文字版面。

讲述故事　除了起到诱饵的作用，引语也能更直白地体现"为我所用"的价值：让信息在快速浏览的情况下也显眼易读，从而增加了沟通的速率。

引语的效用取决于它们是否"有料"。这些文字应当引人思考，而不只是匆匆瞥过，因而必须蕴含丰富的、挑战性的思想。引语的长短随需，它的奏效与否，更多地取决于所说的内容，而不是在页面上的样子。

鉴于引语必须格外醒目才能起到效果，字体也就必须加以修饰才能让人注意到它。字号、色彩（不管是色值还是黑色的浓度）、文字灰度等都需要和周围环境完全区分开来。

避免重复正文里一模一样的词：读者会烦。但如果避免不了重复，可以将引语放在离重复文字很远的地方。

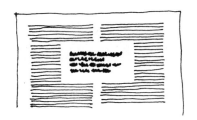

将引语孤立，从周围文字中挖出一道空白给它。不用很宽，只要四周边缘清晰地形成一个简单几何形状即可。

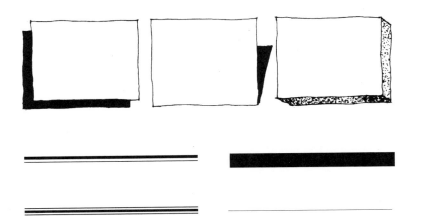

将引语框起来，给它单独的区域：浅色的方块、彩色区域，或者方框。（见"框线"一章。）

插入横线，根据刊物的需求来决定横线风格是简洁明了还是华丽繁复。

既要有用，也要有趣　　　那当然

把引号做得夸张点。引号本身就是既有趣又有用的。从 66 形状的前引号开始，以 99 形状的后引号结尾。

This line is set in fourteen point Trump　14 点 Trump 字体
This line is set in fourteen point Trump italic　14 点 Trump 斜体
This line is set in fourteen point Helvetica　14 点 Helvetica 字体
This line is set in fourteen point Helvetica italic　14 点 Helvetica 斜体
This line is set in fourteen point Centaur　14 点 Centaur 字体
This line is set in fourteen point Centaur italic　14 点 Centaur 斜体
This line is set in fourteen point Centaur bold italic　14 点 Centaur 粗斜体
This line is set in fourteen point Times Roman　14 点 Times Roman 字体
This line is set in fourteen point Times Roman italic　14 点 Times Roman 斜体

制造强烈反差，把字体放到足够大，彰显其重要性。通常最小需要 14 点，但更大的字号毫无疑问会显得更有张力。若引语宽度覆盖页面宽度的三分之二以上，那么可能至少需要 18 点字号。不过有些字体在一样的字号下看上去就比别的字体大，根据最终效果来选择为佳。

打断行文，插入一句与周围排版风格不同的文字。此例中，字体加粗，左齐右不齐，与寡淡平常的两端对齐的正文形成对比。

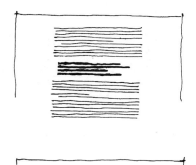

引用一段不完整的语句（但是得有趣），它属于行文的一部分，强调它，把它放大、加颜色，甚至让它与文字栏边缘重叠。不完整的语句甚至比独立完整的句子更容易吸引读者阅读。

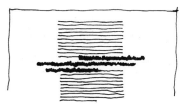

拆分一个段落，把引语插到段落内部的任意位置上去。不要放在两个段落之间，否则会被误认为是标题或者是新文章的开头。

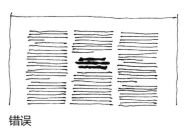
错误

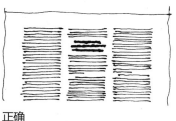
正确

交错放置引语，避免页面上出现"墓碑式"的横向对齐。

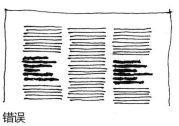
错误

正确

将引语放在右侧文字版面之外的地方。放在这里不仅更加显眼，也能减少与标题的竞争，因为标题通常都放在左侧。

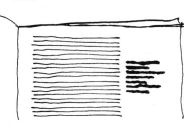

如果边距太窄，不够单独放置引语的话，可以**把引语切入文字栏。**最好限定从右侧切入，但如果左侧没有与之冲突的标题，也是可以接受的。

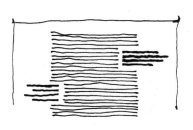

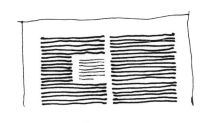

让引语比周围文字浅。若文字中间挖出的引语空间比较局促，可以用这个反招。

跨栏的引语要放在靠近页面上端的地方，这样它下方的文字才不会被漏看。

位于页首边距的引语固然非常显眼，但并没有起到拆分正文，或者用装饰带来"调性"变化的作用。

在页面顶端**堆叠排列引语**利用了页边上方空白格外醒目的特点，但也有可能会被误认为是一篇新文章的标题。

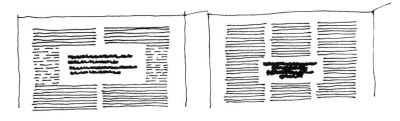

插在相邻文字栏间的引语也需避免副作用：环绕空白有可能会导致栏内文字的易认性遭到威胁。要把插入式引语的空白做得高而窄，不是矮而宽。

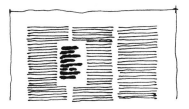

高而窄的引语段落安插在窄栏中间，视觉上很震撼，尤其是颜色反差大的时候。避免文字栏中较窄的部分过于局促，导致词间距和字母间距出现明显变化。

图例、说明

图片注释是页面上最重要的文字，阅读量最高，因为人们翻开一页会先看图片，随后就寻找图片的解释，毕竟图片更便捷、更有趣，也能勾起**好奇心。**于是图片与注释结合成一对迷人的搭档，诱使漫不经心的读者认真阅读起来。

制造产品 一本刊物产品给人的印象是"有趣"还是"无聊"，很大程度上受到氛围和心理预期的影响。如果里面装满了图片和注释，让读者无法抗拒而深深着迷的话，无疑会在激烈的竞争中胜出。这不是靠肤浅的"公关"，而是靠精明的编辑才能——还有设计！——通过了解观众的兴趣所在，投其所好。

如果图片注释的位置和处理方法能够统一，这套样式就有助于建立整个产品的良好形象。一致性保证了整体性。但也别太死板：如果必须打破标准才能说清某个观点，那就破例，只是要知道会付出什么代价。

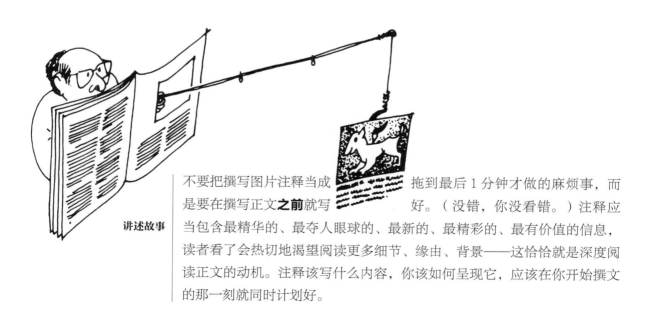

不要把撰写图片注释当成拖到最后 1 分钟才做的麻烦事，而是要在撰写正文**之前**就写好。（没错，你没看错。）注释应

讲述故事 当包含最精华的、最夺人眼球的、最新的、最精彩的、最有价值的信息，读者看了会热切地渴望阅读更多细节、缘由、背景——这恰恰就是深度阅读正文的动机。注释该写什么内容，你该如何呈现它，应该在你开始撰文的那一刻就同时计划好。

木匠把羊角锤握在左手里，
所以他有可能是个左撇子。

把图片／注释视作一整个有意义的信息单位。此处注释缩在图片下面，就像大多数人所想的那样。但是它仍然是孤立的：仿佛是从旁观者的角度在描述图片。结果就是，为了能让图文相联系，我们需要研究、分析、观察、思考，才能理解其含义。

木匠把羊角锤握在左手里，所以他有可能是个左撇子。

而这里，仅仅是挪动了文字的位置，就使具体的词语和图片相互交织，融为一体。两者结合后传达的信息更加直白，理解信息的速度也就更快了。快速、清晰地传达信息，都是对读者有帮助的。

**生态灾害
威胁非洲**

**大象将在
2050 年灭绝**

开篇图片必须搭配强有力的文字。确保标题和题图起到相互促进的作用，**使标题同时具有图片注释的双重效果。**把它们看作一个整体：一加一是不是等于三？

（开篇营造气氛的题图可以完全略去一般的注释，或者把注释挪开，不要让它影响思路，从图片到标题，到可能有的辅题，再到正文。）

过于理论，不吸引人：这里的大象图片代表了某种模糊的、符号式的非洲感，但与标题中的文字没有显而易见的关联，尽管思考一下还是能明白。大象的图片也总是挺有吸引力的。但为什么不把图文联系起来，让人不要忽略两者的内在联系呢？再斟酌一下词句，融入思想，让它更有意义。

直截了当，无可抗拒：这里的大象图片同时也是文字中的主语，因此图文所传达的信息十分清晰直白。而"为我所用"的价值在于，大象在不久的将来就要灭绝了，我们的孙辈后代再无机会看到真正的大象，看到野生大象就更不可能了。这个关键点可以在文章的辅题或者正文第一句里出现。

图片注释需要多长，就写多长（但不超过必要长度）。忽略那些"最多三行"之类的谬论。在这个黄金位置，如果有很多话要说，那就说。如果没话说，也不要勉强凑满某个预设的字数。长短随需，会让人觉得率真而可信。**要允许注释文字的长短不一，**因为整齐没有内容本身来得重要。

假装注释的第一个短语是标题，它会确定整个独立小故事的主题。这样能促使你把图片的主旨体现出来，从而引导到文章"为我所用"的价值上去。

比尔·琼斯的收入大涨，因此决定扩大投资领域。他的奶牛贝茜产奶量远超预期，于是他……

错误

摇钱奶牛贝茜让农民琼斯收益翻番，因其产奶量达到预期量2倍。因此琼斯决定投资……

正确

用一段发人深省的引语开始，引用图中人的名言，在引语最后加上名字。段落开头和末尾的文字最惹人注意。

"When angry, count ten before you speak; if very angry, an hundred," from *A Decalogue of Canons for Observation in Practical Life*, by Thomas Jefferson.

"生气的时候，数到十再说话；非常生气的时候，数到一百。"托马斯·杰弗逊《日常生活十诫》。

不要侮辱读者的智商，把显而易见的事再描述一遍。避免"上图""下图""左图""右图""对页"这些词，哪怕"我们一直都是这么做的，难道你不应该和我们一样吗"？如果真的得靠这些提示词，就说明注释的位置出了问题。重新调整排版，使每一张图片及其注释都能被认作一个完整的信息单位。"左起"这个词也要避免，这是每个人都默认的。除非图片内容太复杂，必须注明辨认的顺序。

左起：穆里尔·德普列斯特（Muriel Deprest），她的丈夫大胡子乔伊（Joe），与他们的后代，小疙瘩（Little Pimple），小乔伊（Joe Jr.），玛丽亚（Mareeya）。

提出挑拨性的问题，勾起好奇心，挑动读者心理。要激怒人：平淡无奇的文字绝不会让人勃然大怒。

谁还需要枪？用经典的老式弓箭，满足你豪气万丈的狙击梦想吧！嗜血不输枪弹，致命干净利落。射击前悄然逼近目标的惊险感，近距离目睹鲜血四溅的刺激感，无可匹敌。

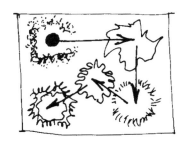

按常规顺序介绍图中元素：从左到右，或者从左上沿顺时针方向。如果图片很复杂，要给读者线索。不过如果你用"打领结的男人"而不是"左三"来指向图片的话，会更具吸引力。

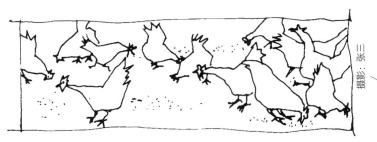

摄影：张三

注明摄影师名字时不要放在图片注释最后，否则会打断阅读的兴致。把名字用小字体排在图片侧面，或者放在页面其他的某个特定位置上。

当你有了足够的饲料，鸡群就会更愿意回到鸡舍休息。———

确保粗体字引题的内容合理。用粗体字的目的是为了吸引注意力，用难以抗拒的精彩内容紧紧抓住读者游移的目光。如果粗体字的内容毫无价值，就是浪费。大声把粗体字读出来，测试一下，如果觉得没有意义，就删掉重写。

"当你有了"这几个词没有任何意义，白白浪费了粗体大写字母这些强调重要性的手段，读者也受到了欺骗。更加有吸引力的标题也许开头是这样：

　　"鸡群更开心了，因为可以啄食更多的饲料，它们更愿意回鸡舍休息了。"

遣词造句的风格需唤起图片中的情感。制造气氛，触景生情，能深化图片的影响力，提高图片吸引读者、说服读者阅读的力量。

使用标语（或标题），如果图片与注释是一篇独立的小文章的话。文字位于图片下方时，两者的关联最清晰明了。不要把标语和注释分开，除非标语很有视觉冲击力。

每张图片都值得拥有单独的注释，
哪怕这样会显得元素太多、太乱。
避免在页面别处将所有注释都塞
进一个单元里——尽管视觉上这
样更干净。对于快速阅读的人来
说，还要费工夫寻找对应图片的
解释，是一桩令人生厌的麻烦事。
从长期来讲，哪个更有价值：页
面的设计，还是读者的满意？好
好思考一下再做决定。

错误　　　　　　正确

选用与正文形成反差的字体，这
样读者更容易找到注释。选择没
有"对错"之说，要看是否恰当
地匹配该出版物的风格：粗厚的
无衬线体与色彩丰富的图片形成
平衡、纤细的斜体适合高端优雅
的场合。不管选择哪种，都要保
证阅读起来流畅而轻松。

把注释放在人们会去寻找的地方：
即图片下方。要让文字立刻能被发
现，仅在有极其重要的功能上的理
由时，才把它放到别的位置去。

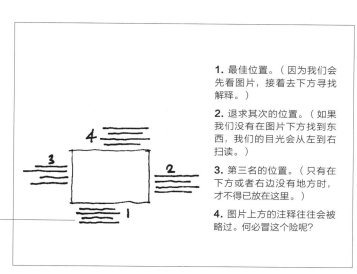

1. 最佳位置。（因为我们会
先看图片，接着去下方寻找
解释。）

2. 退求其次的位置。（如果
我们没有在图片下方找到东
西，我们的目光会从左到右
扫读。）

3. 第三名的位置。（只有在
下方或者右边没有地方时，
才不得已放在这里。）

4. 图片上方的注释往往会被
略过。何必冒这个险呢？

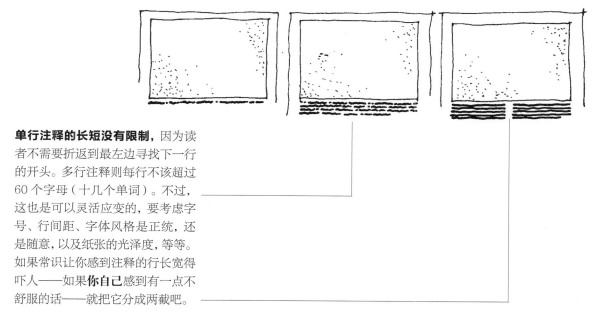

单行注释的长短没有限制，因为读
者不需要折返到最左边寻找下一行
的开头。多行注释则每行不该超过
60 个字母（十几个单词）。不过，
这也是可以灵活应变的，要考虑字
号、行间距、字体风格是正统，还
是随意，以及纸张的光泽度，等等。
如果常识让你感到注释的行长宽得
吓人——如果**你自己**感到有一点不
舒服的话——就把它分成两截吧。

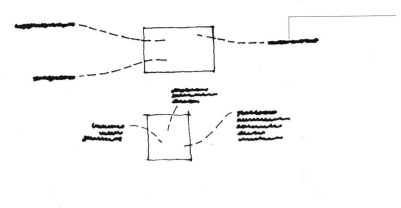

将说明性注释转化成"引线标注"的样式，阅读速度更快，更吸引人，并且让插图变成了组织有序的"信息图"，为读者省时省力，这是广受欢迎的做法。

把最后一行写满，让文字排出一个漂亮完整的方块。这种精雕细琢，没有反复修改、重写是极难做到的，但也许值得一试，如果你想要体现高品位的风格的话。

在两端对齐的注释中把最后一行居中，制造出老派的历史气息。但要确保最后一行足够短，才能充分显露用意。

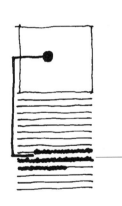

把注释埋在随图的行文中，但用色彩或者粗体标出关键词引起注意，并且拉一根引线把图文连接起来。

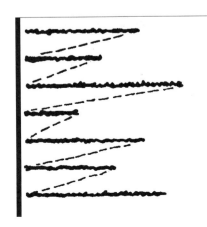

把注释设置成左齐右不齐。左侧整齐的边缘使阅读更轻松，因为读者知道目光折回来时应该到哪里找下一行的开始。

为了与右侧不齐平的注释文字形成对比，把正文设置成更严格的几何形状，给页面带来一些活泼、多样性、轻松的氛围。

We hold these truths to be self-evident; that all men are created equal; that they are endowed by their creator with certain unalienable rights; that among these are life, liberty and the pursuit of happiness;

两端对齐，行长 10 派卡（约 4.25 厘米）（僵硬，不自然，强制调节词间距）

We hold these truths to be self-evident; that all men are created equal; that they are endowed by their creator with certain unalien-able rights; that among these are life, liberty and the pursuit of happiness;

左齐右不齐，行长最大值 10 派卡（约 4.25 厘米）（还是显得生硬，但词间距稳定，没有不自然的字母间距）

We hold these truths to be self-evident; that all men are created equal; that they are endowed by their creator with certain unalienable rights; that among these are life, liberty and the pursuit of happiness;

左齐右不齐，按照语义和口语说话的词句停顿来换行

按照语义换行。不要将语言强塞进一个预设的不自然的空间，而是要让空间来配合语言。让排版折射出语言的结构，可以使人更快速、更轻松地理解信息。只不过是个注释而已，值得这么费心吗？如果把整本刊物中所有注释的优化效果叠加起来，对读者阅读速度和理解程度的帮助就显而易见了。

让文字靠近图片，这样它们明显归属于彼此，成为一个信息整体。

将注释和正文分开，中间留出充足的空隙。目的是强调图片／注释这个信息整体，让它与周围的行文形成对比。

充分利用右侧不对齐的不为人知的好处：注释的长度可以灵活应变。你可以改变一行里的文字数量，调整每一行长短，让最终的行数保持一致。这个简单的方法可以让原本杂乱的效果看上去更整洁有序。

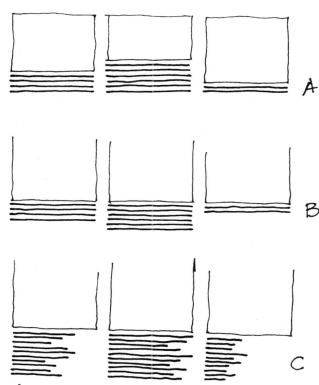

A 降低了图片的优先级，为了让注释可以底部对齐，不惜随意剪裁图片。

B 在注释底部留下了不整洁的边缘（当页面上有其他元素时就更显杂乱）。

C 则掩饰了图片注释长短不一的缺陷，通过变换行长调整文字，将文字拆成相等的行数。

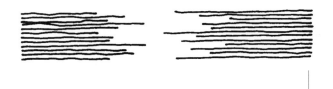

也可将注释设置成右齐左不齐，尽管常识认为这样比左对齐更难阅读。如果行数不多（八行左右），每行文字不长（三个单词左右），那么为了让注释和图片结合，值得冒险一试。最终检验标准就是：你自己会去读吗？

左对齐很容易阅读，因为眼睛知道换行后应该回到最左边（哪怕看起来文字非常啰唆，只要不是太冗长就好）。而在**右齐左不齐**的情况中，如果每行文字很长，就会令人却步，文字就显得太多了，左侧变化的缩进也太深了。你读这段文字一定很不情愿，对吧？

像这样短小的注释，每行都很短，左侧空距也比较浅，就没有问题。

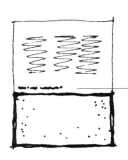

切忌把注释放在图片上方，因为读者会略过它。只有在图片往下延伸到出血线外，实在没地方的时候才这么做。（第143页也提到过这一点，这里再作重复，因为非常重要。）

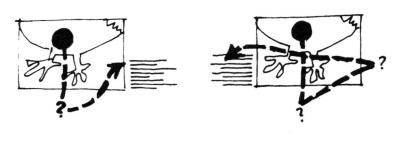

如果注释不放在图片下方，就放在图片右边。我们都是先看图片，再往下一瞥，搜寻一下解释，随后往右看，因为我们习惯从左到右的阅读顺序。如果右边也没有注释，我们得回到最左边去找，如果还找不到，我们就会放弃。所以图片上方的注释大多数人是看不到的。

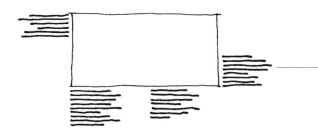

将注释分成几部分，围绕在插图周围，每一部分都尽可能靠近文字所指的图片内容。

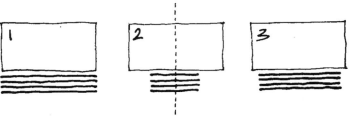

可以将图片下方的注释居中对齐，哪怕效果像一个无聊的黑团，它仍然能通过中心轴将图文连接到一起。它的宽度要么和图片宽度相等，要么明显窄于图片。如果头尾的空隙太窄太微不足道的话，效果就十分糟糕。

像图（1）这样切平注释的边角体现了专业技巧和一丝不苟的态度，从而体现了可信度和可靠性。如果你想让注释窄一点，那就做得明显一点，如图（2）所示。否则像图（3）这样留出微不足道的空白，看上去就像是被老鼠啃掉了头尾。

注释在图片一侧垂直居中，会留下很多不尽如人意的空白，看上去比在图片下方居中更不整齐。最好把注释抬高或放低，与图片的顶部或底部对齐。妥帖的对齐方式能让它们"相互归属"。

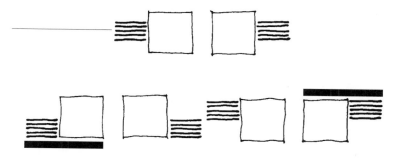

永远使用"规则的一边"连接图片和注释。如果把参差不齐的一边对着图片，一大块杂乱无章的空白就会让图文疏离，完全无法像用规则边对齐那样，让图文归属于彼此。

注释文字对齐的一边与图片相邻，于是两者附着在一起。这种方法明显优于下面……

……锯齿状的边缘对图片形成了攻击，其间不整齐的空白将图文拆分开来。

让注释的一侧对齐图片的一条竖边。你需要尽可能清楚地将文字与图片衔接。不管注释是两端对齐还是一端对齐，这个方法都可行，在一端对齐的时候尤其奏效。（并且注释在图片下方总是比在图片上方好。）

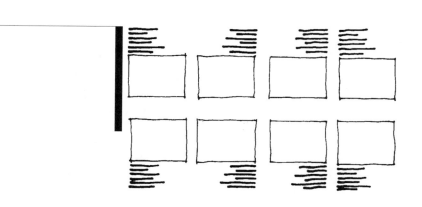

让注释与图片的顶部或底部相互对齐，强调两者之间相互依赖的关系，同时运用"规则的一边"原则。

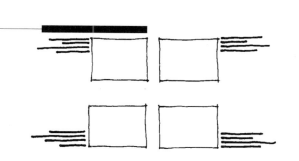

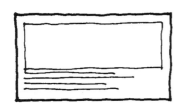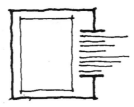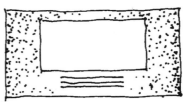

扩大图文整体单位的影响，捕捉并且充分利用它们周围的空间。浅色方框、底色、阴影、支撑元素、重叠、框架……都可以使用。（但是应该用吗？）

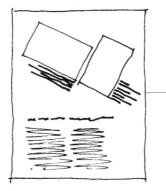

倾斜文字，使其与图片边缘平行，如果图片是侧放的或者斜放的话。注释属于图片，不属于页面。把注释和图片的角度统一，就是将图与配文融为了一体。但最好只在无可避免的情况下使出这类招数。

这段注释叠印在浅色背景上。尽管字体细小，阅读起来还是较为清楚的，但如果它与深色区域交叠，就几乎无法辨识了。在这种情况下，必须反色，也就是从背景中反白才能看清。

在图片上套印注释要极为谨慎。文字是要用来阅读的，导致无法识读的任何借口都是不允许的。只能把文字放在光滑的纯色背景上，不能放在杂色背景上。（术语：在浅色背景上用黑色字印刷叫作"套印"，在黑色背景上的白色文字叫作"反白"。颜色上叠加颜色没有特定用词，因为不属于旧时传统工艺。）

Rx:		
	扩大字号	扩大字号
	加粗字体	**加粗字体**
	增加行间距	增加行间距
	将每行文字的长度缩短	缩短行长
	换用无衬线字体	**用无衬线字体**

这些方法可以补救由于在深色而非白色背景上印刷文字而导致的阅读困难，或者印刷不良风险增加（字母被"填色"）。

> 图片与文字的区别，恰似气味与声音的区别。文字进入我们的思想，而图片触及我们的情感。描述一场飞机失事的最佳图片是怎样的？树枝上挂下的一只袜子，或是一只脸庞破碎的布娃娃。它们胜过千言万语——比从山上运下尸体袋的照片好多了。
>
> ——美国著名记者琳达·艾勒比（Linda Ellerbee）

制造产品

图片是所有人在页面上最先去看的内容。图片的传达迅速，富有情感，触动直觉，引起人们的好奇心，从而使读者开放地接收信息。必须有目的、有策略地使用图片，而不是仅作拆分文章或美化页面之用。图片不是次要元素，不能这样对待它们。出版物是视觉与语言的结合、搭档。

讲述故事

照片和插图分三种类型：

捕捉情绪型：激动人心的概念性的摄影或插图作品。这类图片的目的是为了震慑、触动、诱惑读者，从而带来生意，为达目的不择手段。也许应当称它为"托儿"更贴切。

告知信息型：纪实，记录事件，现实题材。直截了当地使用这类图片，保持其可信度。

顺便一提型：题材中庸的图片，我们总是被这类图片套住。也许它们是最容易获取的，但不值得放大突出。把它们缩小点。

每一种类型的图片都有各自存在的合理性，需要认识到它们的性质，才能正确使用处理。

好看，
但无关

难看，
但有趣

选取有意义的图片，而不是漂亮的图片。有好看的东西固然是更好的，但外表永远是屈居次要的。要考虑图片是否有助于推动这篇报告、这篇故事、这篇文章、这些信息的传达？如果又恰好是一张美图，那就太棒了！

让有意义的图片在尺寸和位置上占据主导地位。用其他同组的图片和思想来辅助它（有时被称作"母鸡带小鸡"原则）。围绕这一焦点来建立版式。显而易见：这必须是编辑和设计师相互理解的结果。

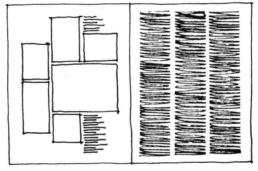

把小图聚集成生动的组图，充分运用它们集体冲击力，而不是把它们一个个零星排布在页面上。潜在读者第一眼看的都是非语言的内容，组图会给他们烙下印象，让杂志显得"更有意思"。

作者

看似不符合语境的元素往往会让人吃惊，反而达到引诱人的效果。在连篇数页的统计图表中突现一头大象，哪怕是最勤勤恳恳、满面倦容的数据统计员也肯定会被逗乐的。要敢于用险招。

用文字指引读者看见你想让他们注意的东西。每个人都有各自诠释图片的方式，所以你得用文字解释每张图片，一一解释。这个例子中的两张图片是为了说明图片构图剪裁的作用：横构图适合风景，竖构图适合篮球运动员。然而读者可能对此有各种各样的解读，比如图片注释里意识流似的文字就是可以猜想到的一种。

—— "好美的风景啊……让我想起苏塞克斯郡起伏的丘陵……那里的土壤富含白垩土……成群的绵羊……如果你不喜欢那儿的天气，只消等上 5 分钟就变天了……我们上次野餐特别快活……应该是 1997 年的事情了……时间过得真快啊……"

把图片放在指向它的文字上方。图片激发好奇心和情绪，因此要把它作为诱饵来吸引读者阅读。人们第一眼会看图片，随后一般都会寻找下面的解释。（见第 143 页以及"图片注释"一章的其他部分。）

翼手龙雏鸟，1100 万年后孵化出壳。

—— "这孩子个子挺高，肯定有 14 岁，我猜……好想知道他为什么长得这么快？荷尔蒙过剩……为什么只有他这样呢？……也许是运动鞋的关系……看看吧，等到 40 岁就不一样了……"

跨页展示巨幅图片。不仅给人留下更大幅面的印象，还将页面的形状从两个平淡无奇的竖页合并成更有冲击力的宽幅。中缝对图片的干扰，被整体的冲击力所覆盖，即便印刷时对不齐也可以忽略，因为没人会注意到。不过要当心：中缝若卡在了图片最关键的部分，比如图中的萨尔茨堡城堡，那就坏事了。

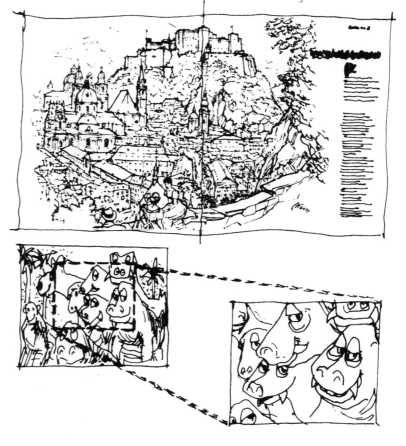

裁剪到不能裁剪为止。剔除一切干扰元素和无关内容，只展示图片最有价值的部分。为了体现意义，不妨大胆地对图片下手，从焦点部分开始往外拓展，达到合适的剪裁范围后，立刻停止。图片的形状要配合它所传达的信息，而不是配合它在文中插入的位置。

在跨页的顶端放置图片。 随意翻阅的读者最先看到的就是那个位置。充分利用图片磁石般的吸引力，把读者拉进来。

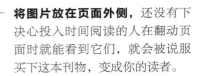

将图片放在页面外侧， 还没有下决心投入时间阅读的人在翻动页面时就能看到它们，就会被说服买下这本刊物，变成你的读者。

把不太重要的图片藏在页脚， 因为没人会注意到下面。那些无聊但又不得不展示的握手微笑的照片、得奖照片之类的都可以塞到下面去。

通过页面位置体现图片隐含的方向。 视线往下的图片适合放在页脚，往上的图片适合放在顶端。逻辑上的合拍能扩大每一张图片的影响力及其营造的错觉，同时让跨页结构更有活力。

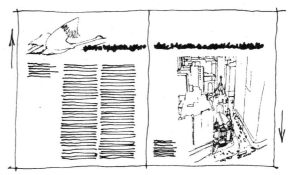

强化从左到右，再到翻页的流畅顺序。 故意将画面中的目光方向指向页面之外，不要去管所谓"图中人物必须朝着页面内部看"之类的清规戒律。往里看自然很舒服，但舒服不是主要的评价标准，生动的信息传达才是。而这需要我们采取一切能用的技巧，哪怕打破规则也不足惜。

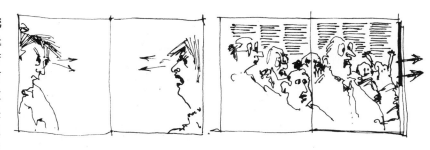

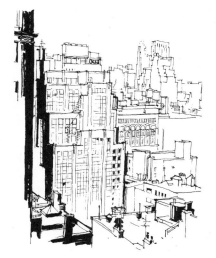

图片边框很实用，也很容易出错。粗边框、彩色边框会让人注意其本身，但如果通篇使用，倒也能增添一种风格特征。浅色边框适合界定浅色图像区域。干净简洁通常是最好的选择，但一切都要看情况。

撑满出血边，制造最大的冲击力。 超出版面的图片会在人的想象中继续向外延伸。针对大图而不是小图运用此法，因为小图出血几乎难以注意，尤其是在页边距很窄的时候。（见"边距"一章）

不错　　　更好　　　最好　　折页

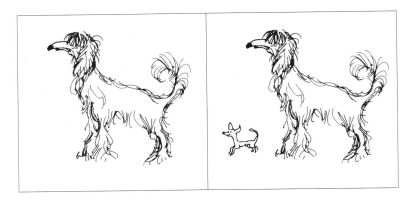

让大图显得更大，把它和小图放在一起对比就行（见"尺度"一章）。原本是孤零零的一头阿富汗猎狗，和吉娃娃并排就显得特别大。不要粉饰周围区域或背景，这种视觉上的干扰会贬低图片的重要性，往往还会拉低整本刊物在思想上的影响力——尽管可能增加了一点视觉趣味。还是那句话：内容胜于形式。

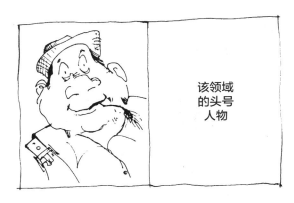

该领域
的头号
人物

图片有多重要，就应该有多大，但不要只是为了填满某个空间而撑大图片。大图意味着重要，小图就是不重要。若图片的目的是为了告知信息，则要确保将图片放大到能够清晰辨认细节。

死板的居中构图就像一块木头一样坐在页面上。不妨把视线挪一挪：如果天空的部分很重要，地平线就要放低；如果地面部分很重要，就把地平线抬到最高。出其不意的视角能让平白无奇的主题变得鲜活起来：虫眼视角、俯瞰视角、管窥视角……

错误

正确

人物图片应当即时、自然、捕捉真实瞬间。不应该是故作姿态的人物摆拍。再说杂志也不是证件照相册。图片的可信度和真实性取决于其中的情绪化内容，以及图片之所以有趣的理由。人物特写应该凸显出这一理由。

将白纸想象成一面白墙，　　　　　　　一个工人在墙上开出两扇"窗"，　　　　　于是你就看到了外面。

充分利用相邻"窗户"的关系。
印在纸上的图片，不就是一种错
觉么——透过一扇窗看见的微缩
现实？

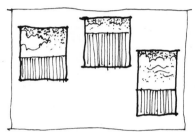 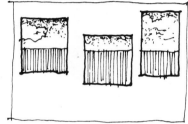 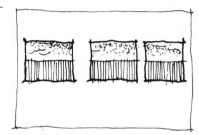

这三扇窗外的景色无法统一，　　　　地平线裁定了这三扇窗户的位置，　　　对齐设置则产生了图片视窗的效果。

对齐相邻图片的地平线。并且将
图片形状也纳入考量。

对齐人物的视线高度。在图中
看不到真实地平线的时候，人
物视线高度就相当于地平线。
如果它们没有对齐，你会在心
里嘀咕，他们是不是站在了坑
里，或是站在了盒子上？

**把相邻图片内容的尺寸联系起
来，**这样更合乎逻辑。它们内部
的尺寸、外部的方框形状都需要
相互联系。

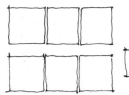 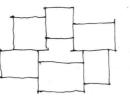 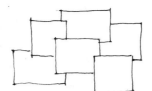

几何排布。规规，乏味。没有什么新意，但也许理想地体现了序列的逻辑？

边边相接。一组图看上去是同一个整体，宣告着它们是独立存在的。

相互交叠。由中心向四周展开，像一串葡萄，增加了动感，把多张图片凝结起来。

组图形成了焦点，意义在此交汇。联系紧密的组图，应当是一种编辑策略，更有助于聚焦故事的重点，发挥集中的影响力，不是只为了外表美观、虚张声势而把几张图片凑在一起。决定图片应该怎么组合的，应该是**编辑策略上的目的和理由。**比如，脸部特写：

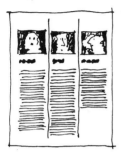    

严格按照几何对称排列的人物照，掩饰了文章长短不一的缺陷。

相互重叠的照片（注意，最大的那张会被认为是最重要的）。

人物按轮廓剪裁，重叠放置，并以不同大小比例组合，形成自然的群组。

大头照沿直线排成一列，像烤肉串一样，适合年鉴版面。

人物特写挪到页面底部，是为了强调他们上方的引语。

图片内在逻辑的线索：

画面主体的自然相似性。关系、年龄、共同兴趣。

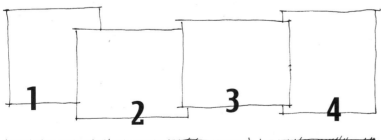

按顺序组织。数字或语言标记；连接符号，如"&"、中括号，甚至数学符号，例如 $x+x+x-y \leq z$。

相同的背景。不管是有意义的背景（比如有象征意义的背景图），还是色彩、纹理、条纹图案等浅显的共同点。

相同的形状。高而窄、矮而宽、圆形，或者全都切去一个角。抑或再进一步，把形状与拍摄角度结合，例如将所有图片以俯瞰视角或者虫眼视角呈现。

视觉主题。譬如邮票、相册中的图片，编了号的电影胶片，带框或者带齿孔的照片。

人物照之间的互动。相邻图片的友好关系或不友好关系。

图片内部的动作。引导目光紧随动作，跟着主角从一张图片跳到旁边一张图片。

出界元素。伸出边界，与旁边的图片内容交错，生动地表现和强调动态与方向。

机械感的组合方式。用回形针、手、装订物把一叠纸订起来。

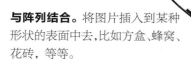

与阵列结合。将图片插入到某种形状的表面中去,比如方盒、蜂窝、花砖，等等。

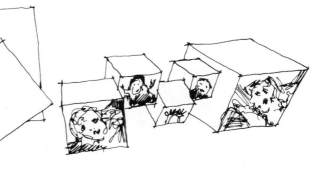

镜像处理。把图片镜像翻转复制，制造出重复、对立的错觉。可以是左右镜像，也可以是上下镜像：也许是水中倒影呢？要当心避免出现相反位置的纽扣……以及反过来的文字（这几个字做反转镜像处理）。

警告： 使用一次固然见效，用两次事倍功半。用两次以上，可能效果全无,因为读者意识到了这种伎俩，对此失去了兴趣。

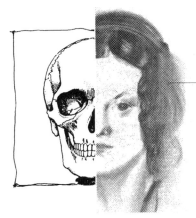

图片两半对接。只要图片的形状和意义有所关联即可（利弊、胖瘦、美丑、老少、盈亏、前后、里外，等等）。

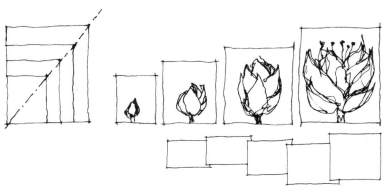

逐步放大尺寸，强调增势。反之逐步缩小就显然表示颓势。不妨再进一步，让图片之间有所重叠，体现出它们之间更紧密的联系。除了表达连续性，它们还可以被解读为始终、前后、因果的关系。

大图套小图。暗示与周围语境的关系。图中的猫正在盯梢一只老鼠，而巨大的阴影让这一幕显得阴森怪异。

1. 远处的一只七头蛇。一点也不吓人。我们在墙的这边透过图片的窗户看着它，因此很安全。

2. 它爬近了，变大了，所以我们的安全感也降低了，尤其是它似乎朝着我们爬了过来。

3. 这会儿它凑近了我们的窗户，往里面打量着，寻觅着我们这头是不是有什么东西吃。

4. 天哪！其中一个头敲碎了玻璃，伸进了墙这边，它进来了！也许它是在笑——可是它嘴里那股味儿！

让元素超越图片边界。利用部分边缘剪裁的技巧，玩弄一下读者与图片之间隔着的虚拟空间。

图片边缘溶解柔化，营造梦境般的褪色效果，达到与上面"破窗而入"技巧相反的效果。这种方法还能为页面加分：在几何样式中增加了非矩形的形状。

一张大图分割成几个部分，强调图中元素的多样性和复杂程度，又能保留图片之间显而易见的相互依赖的关系。

反色图片效果怪异、鬼魅、吓人、不太真实。不像正色图片那么容易辨认，但情绪更强烈。

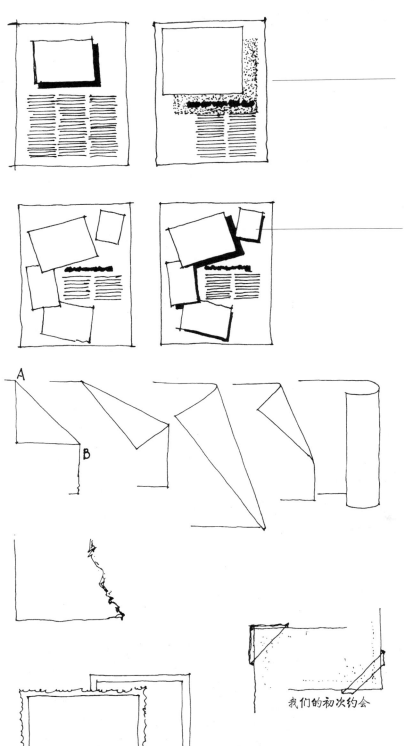

作为图片的图片的图片。 不把图片单纯看作图片，而是看成印着图片的真实的纸张。再把这张纸当成重新创作的对象。

浮于背景之上， 用阴影表现出来。手法很多，远不止加两条黑边这一种。"**阴影**"一章会说到怎样让效果更真实而令人信服。

散落在页面上， 就像秋天的枯叶一样。只要把图片呈随意角度相互交叠地放在页面上就可以了，但配合阴影会使效果以假乱真。

折角的效果， 是制造合适的错觉：被折的一角肯定是 90 度，AB 线段必须是直的。很多人都会把它做成弯曲的，看上去就不对劲，因为在物理上是不可能的。不信自己折一张纸试试看。

撕边效果 让原来像是印出来的图片有一种紧迫感，联想到暴力、残酷的现实（或者象征离婚？）。

图片角贴、手写注释， 配合棕色、褐色的污渍，营造相册里的老照片的感觉。

我们的初次约会

图片的白色边框 适用于老派的照片，它们总是用这种波浪形的边框。

插图不只是用手绘制的图片。作为一种传播媒介，只要用到实处，它们也具有宝贵的编辑策略价值。它们的性质有些许不同，属于纷繁复杂的编辑传达技巧中的一个旁支。"通过图片我们看到现实，通过文字我们理解现实。通过绘画我们理解了照片，而通过照片我们相信了绘画的真实。"瑞典文字视觉学院主席斯文·里德曼（Sven Lidman）是这么说的。

选择性： 通过剔除（也即"剪辑"）无关紧要的细节，诠释画面，突出重点。为什么右边的房子没有前门呢？问编辑。

可视化： 将无法展现的内部结构和解剖图绘制出来。剖面图、"爆炸式"部件分解图能将繁复的结构简化成易于理解的小块，让人明白其间的关系。例如图中我们可以看到柜子在哪里，如何使用，以及里面装了什么。

手绘图解： 用这样的框线图解释运作原理、实物之间的关系。表格和图表将数据转变为图片。（见"图表"一章。）

结合"事实"与技术"原理"： 用延伸绘画补充拓展图片边界之外的部分，解释图中物件的结构是怎样的。

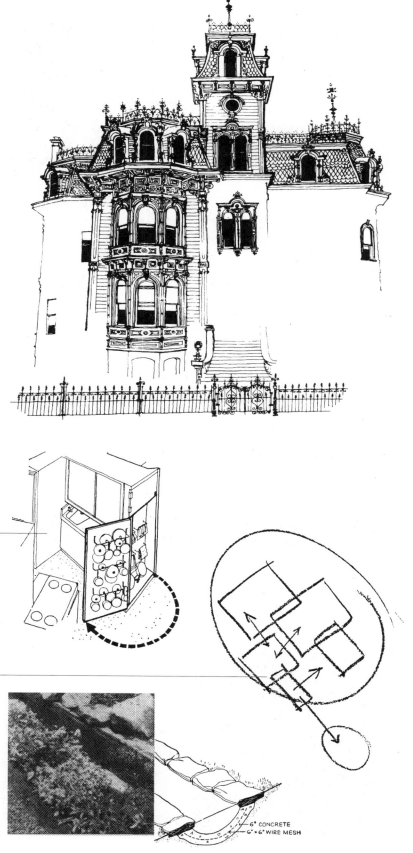

Fourscore and seven years ago our fathers
brought forth on this continent,
a new nation,
conceived in Liberty,
and dedicated
to the proposition that
all men are created equ

林肯起草《葛底斯堡演说》

引语与被引用者的肖像画相辅相成，图文结合，使人更真切地理解其含义，也营造出编者评述的感觉。

BOUNCING

沉默

SUNK

弹跳

BELOW

下方

THROUGH

穿透

ton half 上半部分

文字图：当文字描述的是位置或方向时，很容易制作文字图，只要定好一个基准位置，围绕它来调整字母即可。

视觉双关：玩弄字母、字形、位置的游戏，甚至让字母消失。

橡皮章：有一种紧急的效果——尽管这种技术只能让人想起老掉牙的平信时代。

dea**o** MIS ING P**I**SA **6ix**

死亡　　　丢失　　比萨斜塔　　六

特别快递

SPECIAL DELIVERY

遣下地狱

dam**p**

GR**A**WTH

增长

WORK

工作

图文交织：平添一份奇趣，可以让文章的基调更为轻松。

一切的视觉化手段——从文字表格到图像呈现——都是对思想或数据的**解读**。最"纯粹"的方式是简洁明了、优雅自然地表现事实，由读者自行下结论。而"不纯"的方式则是去解释，并且**使用视觉强调的手段吸引人们注意要点和结论**。在制作出版物的情况中，编辑和设计师必须确定文章的重点是什么，随后把它的意义直白地呈现出来。这不是弄虚作假，不是曲意逢迎，也不是粉饰包装。这完全符合出版物旨在提供的服务：快速、直观地传递知识。当然夸张和误读的危险是一直存在的。"假话是有的。该死的假话。数据也该死。"维多利亚女王的首相本杰明·迪斯雷利（Benjamin Disraeli）这样说道。

客观　　　　　　　　　　　　　　　　　　　　　　　　**扭曲**

平衡
取决于你的道德与判断。
你来决定你要用什么方式对哪些内容进行
突出，
强调，
弱化。

制造产品　图表很有用，人们喜欢视觉化的内容，尤其是有实际功用的。图表有助于提高阅读率，增加刊物在人们认知中的价值。它让产品内容更丰富，提升了产品层次。此外，由于图表的视觉形式由我们掌握，我们可以利用它来增强产品的风格特征。

讲述故事　图表提高了信息传达的速率，它能比文字更快捷、清楚地展现数据之间的关系。图表提供了数据背景，同时聚焦信息中最关键的部分，揭示内在联系，解释非可视概念，为事物创造出一种隐喻手法，或者是象征性的图标。正因它是视觉化的，它可以用来诱使读者进入正文阅读，当然它也可以使人信服、动摇观点（就像迪斯雷利说的）。

在出版物中，优秀的图表有这些特点：

发挥功用： 包含事实；

有说服力： 传达观点；

达到效果： 观点明晰，传达迅速；

帮助读者关注这些比较性的问题：

什么是最重要的？

它是怎么变化的？

未来趋势怎样？

改变会有多重要？

那会如何影响读者的利益？

如果你谈的是塑料咖啡杯，不要一直强调它很便宜，采用普通化学材料制造，生产方便，容易堆叠，装箱便捷，可生物降解，重量轻……这些除了工程师和工厂之外没有人会着迷的技术细节。反之，要谈谈这些杯子能够为人们做什么——**让咖啡保温时间更长，且不会烫到手指**。这才是顾客有可能在乎的原因。然后，才开始讲技术细节，如果实在重要的话。

你说的内容应该非常有价值，你说的方式应该非常清晰而吸引人，因此无需任何粉饰。如果说的方式无聊，内容也就无聊，那么无论用什么视觉上的伎俩，它还是无聊的。

剔除毫无来由的装饰元素，否则会让人将注意力从关键点上移开。只有在能够帮助理解的情况下，才使用背景。少即是多。

要有观点——并且强有力地提出来。要引导人去研究数字，光靠标签是不够的。给每个视觉元素起一个具有活力的标题，要包含一个动词。让标题表明激动人心的主张，图表辅以值得信赖的论据，图片注释则是中肯贴切的解释。

把注意力集中在数据对读者的意义上，用尽可能简单的方式展现。清晰就是目标。

找出最主要的对比之处，用视觉形式显露出来。读者自己能得出的结论，要代劳帮他们直接指出来。

根据数据的目的选择合适的格式。在基础格式之上，有无穷多排列组合的可能。

重复元素的处理要统一标准，例如图表标号、来源、比例尺、指北针、索引表、边框等。这样搜索的时候就能快速地以相同的方式，在相同的位置找到它们。

饼图： 表现部分与整体的关系。圆形表示总数，扇形表示它的每个部分。从"12点钟"开始，顺时针方向从大到小地绘制扇形部分。

如果超过了六个部分，就把其中一个拆开来，单独再细分，或者加一个子图表。把平淡无奇的圆形换成具体的圆形图标，更准确地传达信息。把标签做成引线标注，放在图表外面。

横向条形图： 表现独立数值之间的比较关系，但没有总数和时间顺序上的概念。

堆叠的条形图可以按随机顺序、字母顺序、长度递增递减……以及任何说得通的方式排列。

每一长条可以拆分成几个单位，或者以数据所描述的对象作为视觉形式。如果它太长，还可以折起、切断。标签可以写在柱形里面。

纵向柱状图： 比较数值之间的关系，同时也可以按照一段时间内的趋势，左为始，右为终。如果这不是你的目的，那么换用横向条形图为妥。

可以按照含义、递增递减的顺序、随机或者任何有助于传达信息的方式排列柱子。

把方块换成图片（铅笔、烟囱、长颈鹿……），将标签侧向放置，从下往上阅读。

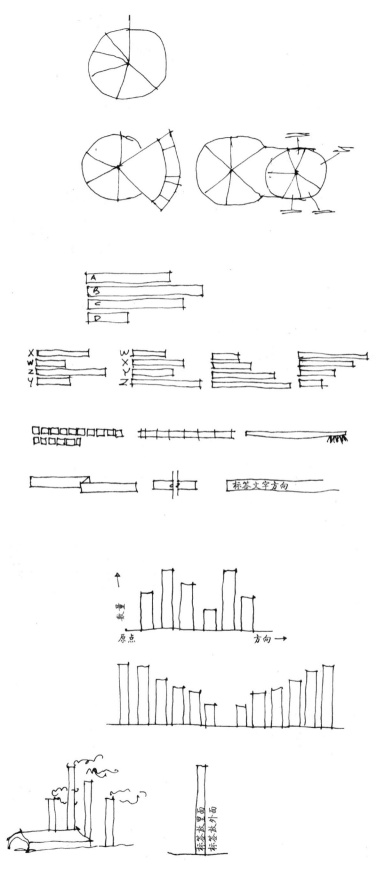

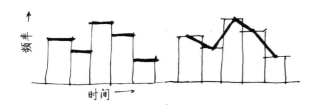

直方图：也称阶梯图，比较的是某一时间段数值的急剧变化。把长条紧密排列，强调从左至右的顺序，强化"历史变化"的概念。把各个数值顶点连接成走势线条，则强调的是总体趋势，而不是一段时间的变化。

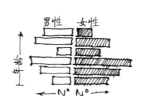

人口金字塔：也称双向条形图，比较的是两个变量集数值的差别。

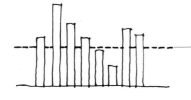

带标记线的柱状图：比较相对于某一标准的数据变化。

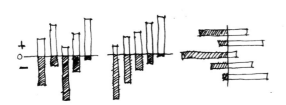

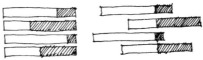

滑动条形图／柱状图：比较一系列数据相比于给定标准的变化范围。标记线上方或右方的部分一般认为是正面数据，下方或左方的是负面数据。

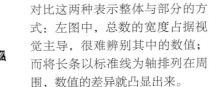

对比这两种表示整体与部分的方式：左图中，总数的宽度占据视觉主导，很难辨别其中的数值；而将长条以标准线为轴排列在周围，数值的差异就凸显出来。

浮动范围柱状图：比较各单位在一套固定数值刻度中的变化范围。

柱形的长度可以代表一组数值，宽度可以代表第二组数值……甚至用来表示增长。

对形状加以编辑，在重叠的柱状图中，将重要数据组放在最上层，加以突出。

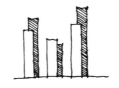

分段式柱状图 / 条形图：同时比较总量和它们的组成部分。如果多于四个分段，就会难以理解。

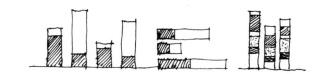

点线图（或称热度表、曲线图、线形图）：将数据点连接成线，因此强调的是一段时间以来趋势的变化。尖锐的折线体现突变，曲线则体现渐变，线条的陡峭程度说明了变化率。

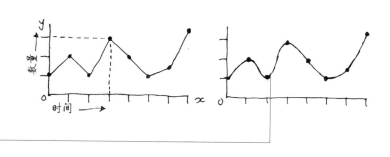

面积图：强调一段时间内数值的起伏。与点线图不同，数据连接成了一块区域的边界。所以这类图更着重强调边界线下方数值的堆积。

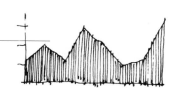

散点图（或称点阵图）：标绘出大量数据细节，随后才能归纳出某些有规律的，或者总体的格局态势。可以对图表略加修饰，用点表示事实数据，用线条表示趋势。变化圆点大小则可以表示相比较值的大小。

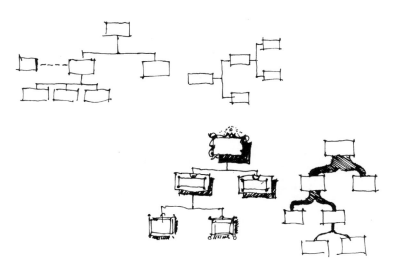

组织结构图或**树状图**（即侧放的组织图）：表现人事级别和责任关系。可以按照任意顺序阅读，但往往老板要放在最上面或最左边。想要装饰名字和职位，可以美化方框；想要强调关系，可以强化连接线的视觉效果，弱化方框的效果。

 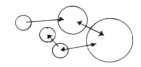

气泡图／逻辑示意图／项目网络图： 表现理论化概念之间的关系。潦草的图形风格能够表现即时性、灵活性、构思过程（在纸巾背面匆匆写就）。精密的图形则令人联想到严谨、结论。

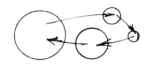 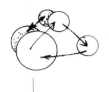

气泡的大小对应着它所代表元素的重要性。连接线的宽度反映出连接过程的主次级别。重要元素可以放在前面，辅助元素可以叠在后面。

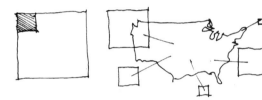

方形气泡图： 对区域比例进行清晰的比较。相比起饼图和圆形气泡图来说，这种图表更加精确。

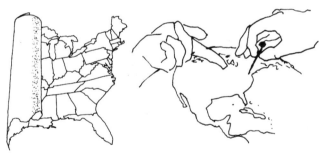

地图： 用于空间定位，并表现点与空间之间的关系。地图可以很精确，专用于科学参考；也可以加以扭曲（甚至卡通化），用来说明观点——尤其是描绘本国地图这类家喻户晓的图形时经常使用。

规划图： 指出空间中实体物件的位置，以及彼此之间的关系，以俯视图的形式展现。

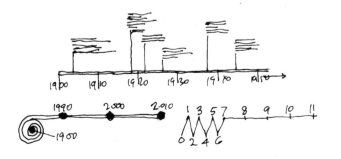

时间线： 记录一段时间以来依次发生的事件，左边为起点。时间线可以卷起来、折起来，或者压缩变短。里程碑式的时间点可以用象征性的图标来表示。

流程图／作业图： 按照先后顺序记录想法。当方框相互接触重叠的时候，则更强调了流程顺序。

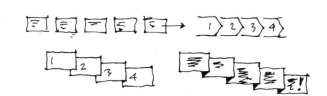

甘特图： 非常简洁的顺序图表，通过记录各时间段内同时进行的动作，体现决策行为的节点。它表现了在何时需要进行战略决策。长条末端的形状可以用来表示延续、结束、特定事件等等。

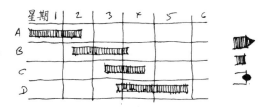

决策树状图： 描述了"是则／否则""如果这样／那么会怎样"等逻辑推断顺序。

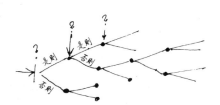

计划评审技术（PERT）／关键路径法（CPM）图表： 都是项目网络图表。它们描述的是一段时间内流程的复杂关系，并提醒管理层在哪些关键时间点会产生项目重叠。连接线的长度表示了完成一个步骤所需的时间。最长的加粗线段（即关键路径）会控制其他路径。

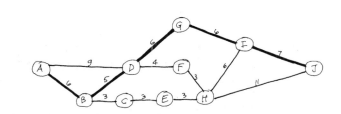

优先级矩阵： 以网格形式描述项目及其利弊，用于辅助决策。

坐标图： 在笛卡尔坐标系（x、y轴直角坐标系）中标记相对值或偏好分布。图中，绿色比粉色的评价更好——坐标图可以辅助决策。

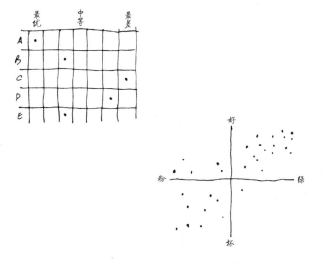

表格

表格的目的是将大量信息压缩到有限的空间里。结构条理清晰的表格，能让人更便捷地获取事实信息。表格分为两种基本类别：数据表格（记录数量、百分比、频率等）和文字图表（见第172页）。就像其他传达方式一样，信息的内容及其分析，连同信息接收者可能对它进行的解读，决定了表格的逻辑架构和最终形态。表格的编排方式有无穷多种变化。然而即使是最令人望而却步的复杂信息，也可以用简单统一的部件来构成。在表格中使用标准样式是至关重要的，因为信息接收者不应该费神去摸索表格的设计技法，而应当关注其内容。

序号： 用于期刊或报告中，方便在正文中交叉引用表格。而表格应当放在最靠近正文相关部分的地方，不需要序号也能找到。

标题： 有两种风格：1）简短扼要的标签，用来说明主题即可，多用于学术性、科学性、技术性出版物；2）完整的句子，同时解释主题及其意义，用于更有教育性的、报道性的文章。

副标题：（用小字）展开描述，或者说明数据的意义。

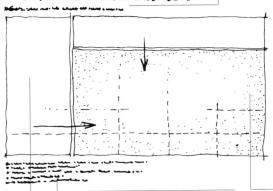

表头列： 表格最左栏，列出了信息主体或类型的名称。

脚注： 字号应该比表格中的文字小，但保持清晰易认。每一条脚注应当另起一行，靠左对齐。当a、b、c之类的字母不能用来表示注释时，按顺序使用 *、†、**、‡、§、¶ 等符号来表示。"注解"类的内容放在前面，"来源"类的内容放在后面。

表格区域／表身： 包含表头、标题中所提到的数据的值。

表头标题： 定义了下面表头内容的范围。但如果表格大标题本身就已经起到了这个作用，表头标题亦可省略。

列标题： 定义了该列变量的类型。列标题往往太长，会影响到表格的宽度，因此需要精简缩略文字。

跨列标题： 将两个以上的竖列合并起来，用下划线或者空行以示区分。

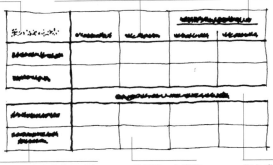

表头内容： 文字长度应当满足对内容性质的清楚定义。每一项内容第一行应该左对齐，换行处略微缩进，方便快速浏览。

单元格： 由横竖框线分割出的空间单元。

切入式标题： 打断表格的竖列，为下面的数据定义新的主题范围。

将表格宽度设置成与文字栏宽不等。 虽然把表格和栏宽对齐显得页面更整洁，但不对齐的设置能让表格像"插图"一样凸显出来，在一本正经的页面结构中充分利用了表格在样式和形状上的反差。

	Factor 1	Factor 2	Factor 3
Topic A	mmmm	mmmm	mmm
Topic B	mmmmmm	mmm	mmmmm
Topic C	mm	m	mmmmm
Topic D	mmmm	mmmmm	mm

竖列之间如隔鸿沟

	Factor 1	Factor 2	Factor 3
Topic A	mmmm	mmmm	mmm
Topic B	mmmmmm	mmm	mmmmm
Topic C	mm	m	mmmmm
Topic D	mmmm	mmmmm	mm

紧凑些：阅读比较起来更方便

表格不能太宽。否则两列之间的间隙太宽，极不自然，阻碍了阅读和比较。避免为了填补某个既定空档而缩放表格，应该根据材料内容的需求来定制尺寸。

	Factor 1	Factor 2	Factor 3
Topic A	mmmm	mmmm	mmm
Topic B	mmmmmm	mmm	mmmmm
Topic C	mm	m	mmmmm
Topic D	mmmm	mmmmm	mm

最方便：各项内容左对齐，而不是居中对齐

标题过长，浪费空间	长标题斜放	长标题侧放	西文不可拆字竖排	长标题叠成几行短的
Topic A　mmmmm	mmmmm	mmmmm	mmmmm	mmmmm
Topic B　mmm	mmm	mmm	mmm	mmm
Topic C　mmmmm	mmmmm	mmmm	mmm	mmm
Topic D　mmmmm	mmmmm	mmmmm	mmmmm	mmmmm

控制标题长度。它们往往会造成表格过宽。把太长的标题叠成几行。

标题侧放，不得已而为之。

西文字母竖排会难以辨识，任何时候都切忌。

用短词或审慎的缩略词，或用窄体字排印。

界定表格区域可使用方框、横线、浅色方块背景等，给表格划定清楚的矩形形状，给人一种精雕细琢、一丝不苟的印象。

改善横向间距，帮助眼睛一行一行从左到右地扫视，提高易认性，更清晰地呈现表格内容之间的关系。

	Factor 1	Factor 2	Factor 3
Topic A	mmmm	mmmm	mmm
Topic B	mmmmmm	mmm	mmmmm
Topic C	mm	m	mmmmm
Topic D	mmmm	mmmmm	mm

宽绰的行间距

	Factor 1	Factor 2	Factor 3
Topic A	mmmm	mmmm	mmm
Topic B	mmm	mmm	mmmmm
Topic C	mm	m	mmmmm
Topic D	mmmm	mmm	mm

在条目或条目组之间添加横线，前提是这些分割线不要与标题处下划线的合并归类功能混淆即可。

每隔三行插入一小条空隙，这样读者凭直觉就能知道他们在阅读一组条目的上、中、下行。

	Factor 1	Factor 2	Factor 3	Factor 4
Topic A	mmmm	mmmm	mmmm	mmm
Topic B	mmm	mmm	mmmm	mmm
Topic C	mmmmmm	mmmm	mmmm	mm
Topic D	mmm	mmm	mm	mmm
Topic E	mmm	mmm	mmmm	mmm
Topic F	mmm	mmm	mmmm	mmm
Topic G	mmmmm	mmmm	mmmm	mmm
Topic H	mmm	mmmm	mmmm	mmm
Topic I	mmm	mmm	mmm	mmm
Topic J	mmm	mmmm	mm	mmm
Topic K	mmm	mmmm	mmmm	mmm
Topic L	mmmmm	mmmm	mmmm	mmm

每隔一行（组）应用浅灰色或彩色的背景。有色背景上的文字比白底黑字难读，所以这几行可能会被略过。

	Factor 1	Factor 2	Factor 3
Topic A	mmmm	mmmm	mmmm
Topic B	mmm	mmm	mmmmm
Topic C	mmmmmm	mmmmm	mmmmm
Topic D	mmm	mmm	mm
Topic E	mmmmm	mmm	mmmmm
Topic F	mmm	mmm	mmmmm
Topic G	mmmmm	mmmm	mmmmm
Topic H	mm	mmm	mmmmm
Topic I	mmmmm	mmmmm	mmmm

Management Proposals Opposed by Shareholders

- 10% profit increase in next six months deemed insufficient
- Extra 45¢ dividend per share thought unjustified
- 33% management salary increase believed outrageous
- Purchase of three executive limousines judged extravagant
- Lease of Lear Jet rejected as conspicuous consumption

Management Proposals Opposed by Shareholders

- 10% profit increase in next six months deemed insufficient
  - Extra 45¢ dividend thought unjustified
- 33% management salary increase believed outrageous
- Purchase of three executive limousines judged extravagant
  - Lease of Lear Jet rejected as conspicuous consumption

Management proposals opposed by shareholders

- 10% profit increase in next six months deemed insufficient
- Extra 45¢ dividend per share thought unjustified
- 33% management salary increase believed outrageous
- Purchase of three executive limousines judged extravagant
- Lease of Lear Jet rejected as conspicuous consumption

Management proposals **opposed by Shareholders**

- *Increasing 10% profit in next six months* **deemed insufficient**
- *Declaring extra 45¢ per share dividend* **thought unjustified**
- *Increasing management salary 33%* **believed outrageous**
- *Purchasing three executive limousines* **judged extravagant**
- *Leasing Lear Jet* **rejected as conspicuous consumption**

Management proposals opposed by Shareholders

10% profit increase next six months:	deemed insufficient
Extra 45¢ per share dividend:	thought unjustified
33% management salary increase:	believed outrageous
3 executive limousine purchase:	judged extravagant
Lease of Lear Jet:	conspicuous consumption

PRO: Management	CON: Shareholders
+10% profit next six months	Insufficient
Extra 45¢ per/share dividend	Unjustified
33% mgmt salary increase	Outrageous
3 executive limousines	Extravagant
Lear Jet lease	Conspicuous

文字图表

组成图表的文字，并非行文，因此是一种示意图表。它将小块信息之间的关系体现出来，但没有数据对比的功能。通常用项目符号列表来区分它们，如果信息有先后顺序，则用数字序号取代圆点记号。

千万不要将条目居中对齐，否则符号用来区分辨别列表的功能就被掩盖住了。项目符号永远要左对齐。

不要依靠花哨的小技巧来装饰图表，避免用波浪纹、色彩等各种毫无关联、没有任何意义的元素。

修改遣词造句，突出思维结构。有条理地组织思路，方便在视觉上体现出来，更生动清晰地传达信息。用特定字体、字号、粗细、色彩来凸显主要部分。

将信息归纳成列表，左右对比，比阅读陈述句的速度更快。不必用项目符号：让视觉效果体现逻辑结构即可。

也许可以将文字精简到最短的程度，从而可以做成表格形式。**这才是**"思维图像"——经过视觉化组织的思想，才是**图表**。

如何更好地设计图表

避免令人迷惑的复杂图形。比如图中的这一堆意大利面似的线条。大刀阔斧地编辑素材，把一切与主题没有密切关联的东西全都剔除。在一张图表中最多只能对比四条线（除非线条的区分非常清晰）。

制图优雅，发挥实效。给信息分层：使用最粗或色彩最鲜艳的线条表示主要数据，中等线条表示对照数据，最浅最细的线条表示辅助信息。

用文字将注意力导向主要论点。给节点添加说明文字。其他所有东西都不放在图表上，而是在图表注释中提及。

驱使眼睛注意到方向性数据。可以用箭头表示，或者如果数据允许的话，更含蓄的方法是将线条延伸到边界之外。

用图形表达观点。细线表示预测未来情况时的弱化和不确定态度，而粗线表示对未来的信心。

即时传达。使用图标代替文字，或用文字代替图标，快速传达信息。但要小心使用，用新颖的想法取代套路。

尽可能迅速帮助理解。尽量避免图释、凡例，这些都要求人们花时间精力去琢磨。直接给元素打上文字标签，让人立刻就能理解。

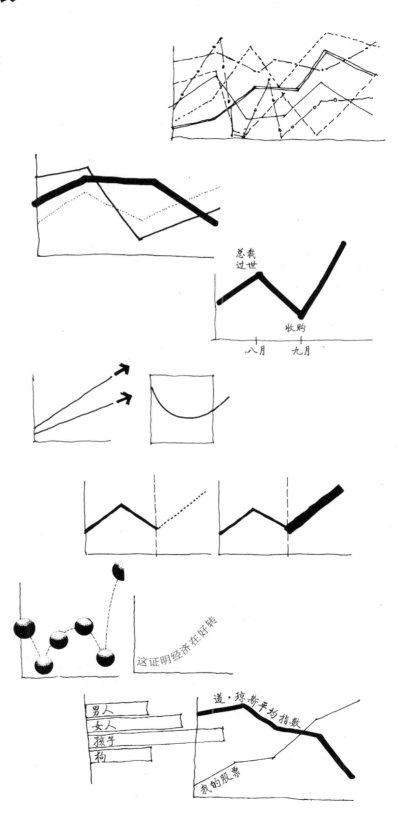

……但不要这样做，这是弄虚作假

我们会按照习惯来解读所见的事物：事物**应该就是**某种样子的，因为它们一直就是那样。当图表上的线条是往下走的 我们就推断这是负面消息；当线条方向朝上 —— 我们则会得出正面结论；平缓的线条 ——— 说明没有变化，但剧烈的变化波动会通过振幅动荡的线条表现出来。

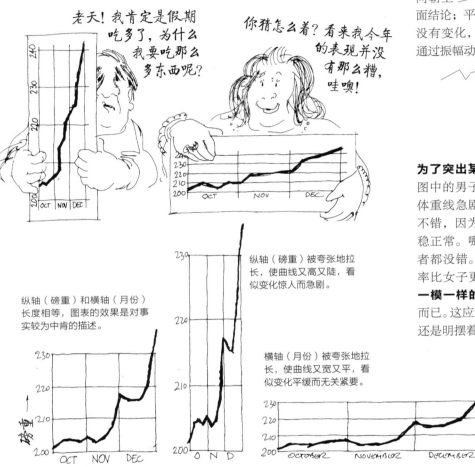

纵轴（磅重）和横轴（月份）长度相等，图表的效果是对事实较为中肯的描述。

纵轴（磅重）被夸张地拉长，使曲线又高又陡，看似变化惊人而急剧。

横轴（月份）被夸张地拉长，使曲线又宽又平，看似变化平缓而无关紧要。

为了突出某个观点而扭曲图表。
图中的男子十分沮丧，因为他的体重线急剧向上，而女子则感觉不错，因为她的体重线看上去平稳正常。哪个是正确的图表？两者都没错。尽管男子体重的变化率比女子更显著，但**数据信息是一模一样的**，只是坐标比例不同而已。这应该叫作精明的沟通术，还是明摆着的骗术呢？

"增长"和"萎缩"的感受只是方向问题。柱状图中的数字在萎缩吗？看一下日期才知道，不能想当然地用左右方向来推断。

我们对从左到右的顺序习以为常。
从最左边开始，到最右边结束。事情先后发生的变化，也当然要按照这个方向来记录。这种联想在脑中根深蒂固，甚至完全成了本能。还有别的可能吗？

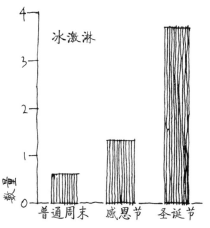

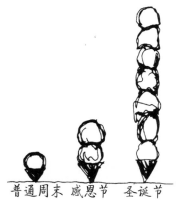

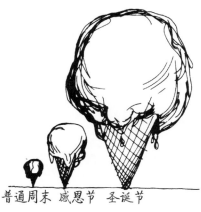

每一条柱状宽度相等，高度表示了变化。

如果把柱状图变成可数的图像单位，柱子总体的比例保持不变，比较的结果也很清楚——甚至更直观了。

当象征性的长柱变成了真实的图片，它的高度（本来应该仅以高度作比较）也带动了横向的扩展，看上去格外惊人。比较结果被歪曲了：高度的比较变成了体积的比较。

图像化有误导的危险。 图表的意义被歪曲了，因为"最高"的蛋筒冰激淋令人惊倒。我们只看见**"体积"**，看不见**"高度"**了。

空间和透视的错觉。 物体在虚拟空间中的观察视角具有决定性的作用，一切都是距离和角度在作怪。一盒橙汁放在离你近的地方就显得大，远远地放在柜台的另一头就显得小。透视和方向有可能会被利用，误导他人的理解。

正视角度下的一盒橙汁。想象盒子是用树脂玻璃做的，可以看到橙汁的量：四分之三盒。

一只苍蝇的俯视角度下看到的同一盒橙汁。顶端看起来很大，因为离得近，于是橙汁显得很少。

一只蟑螂的仰视角度。盒子显得更满了，因为顶部看起来更小了。这三个版本中的数据却都是准确的。

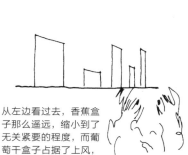

观察角度影响了观点的解读：数量单位可以被缩小或者扩大。图中最左侧的盒子里放着葡萄干，高度是最右侧放香蕉的盒子的一半。

从左边看过去，香蕉盒子那么遥远，缩小到了无关紧要的程度，而葡萄干盒子占据了上风，显得容量巨大。

从右边看过去，香蕉盒子最近，因此尺寸惊人，而葡萄干盒子则缩成了那么小。

从上往下看一块披萨：以客观中立的方式表明了披萨被分成了四分之一和四分之三大的两块。距离是一样远的。

从一个侧面角度看，则涉及到了空间关系的因素。那四分之一离得很远，那是你对面同伴的份儿。

四分之一的部分在前面，相对于整个披萨来说离我们最近，所以这是我的，别碰！

如果四分之一的这一块从整个圆形中分离出来，向我们这儿推进，那么毫无疑问了：抓过来吧。

第一眼看过去，哪幅图片里四分之一的披萨看起来更大？两幅图里的披萨都切了四分之一，数据上和几何上都是准确的。你看出里面可以耍什么花招了吗？

三维效果也暗藏玄机。我们存在于三维空间，会本能地对空间内的标志进行解读。离我们越近的物体会更有力地干扰我们的意识，因而比远处的物体更具紧迫性。如果我们从旁边看一块披萨，就像看到它被托盘托着的样子时，离我们最近的那一小块就变成了**我们的**。远近的暗示，改变了我们所观察的物体与我们之间的关系。

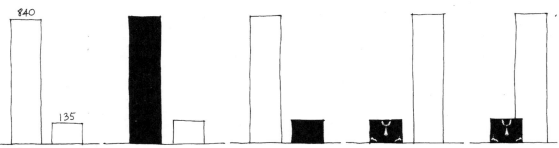

花生 土豆

一杯花生（840 千卡）和一杯土豆泥（135 千卡）的热量，以简单的线框形式表现。没有暗示什么观点，只展示了纯粹的事实。

代表花生的高柱被涂黑了。黑色的冲击力抓住了眼球。结果，花生的数据占据了主导地位，土豆的数据则是次要的。

代表土豆的矮柱被涂黑了。尽管它很矮小，但比前面的版本更醒目了，重要性盖过了花生。

两者的位置互换，土豆放在了花生前面，而且涂上了浮夸的花纹，花生的数值虽然大，却屈居成了背景里的辅助角色。

又加了一招：重叠法。这样一来，我们会推断土豆在花生的"前面"，而离读者近的物品享有更高的重要性。

元素的图形外貌影响了它们的含义。图形表面的纹理、色调、图案是怎样的，放在什么位置，都是用来吸引注意力的修饰手段，既可以让元素脱颖而出，也可以让它们隐没在背景里。

这段文字
装饰得
如此浮夸，
一定很重要。

这行字很小，孤零零地放着，无关紧要。

方框和线条对你有什么用？

它们能制造活力、充实页面：每一个方框都是创造出夺人眼球的标题的新机会。

它们能厘清事实: 放大重要的内容，放到页面顶端; 同时弱化不重要的内容，放到页脚去。

它们把产品统一起来，通过标准、统一、不断重复的格式，赋予刊物一种个性风格。

制造产品

讲述故事 它们简化了故事。那些次要内容原本会成为文章主线的障碍物，现在却可以拆分开来置之一旁。同时文章的主要部分也显得更精短，不再令人望而生畏。

它们吸引读者阅读，任何看起来短小而无需费力的东西都会吸引人们。

它们将辅助元素从主要线索中分离出来，实现了信息分层。

方框是虚拟的分隔物。我们
在三维世界中如何将物件彼
此分开?

1. 把物体关进封闭的区域。
而从空中看,围墙就像是一
个线条方框。

2. 让物体不可触及。把它抬
到悬浮于上方的层面上去。

在页面上,分层的错觉是通
过该层在下面的投影实现的。

从俯视角度看,我们一般预
期会看到这样的画面。(见
下一章"阴影"。)

3. 抬高物品的价值,凸显其
特殊性。把它放在具有象征
意义的环境中,例如将珠宝
放在垫子上。

垫子看上去就会像是某种色
彩 / 纹理 / 形状的背景。

4. 把物体关进棺材——好吧,
关进鞋盒,不那么晦气。

这是从飞机上往下看的效果
(如果笔直往下看就是一个
方框,同第 1 点)。

去掉表示"内部"的边,就成
了一个展示物体的台座。(这
个方法也适用于上面"冰块"
的例子。)

去掉外部的边,就产生了在平
面上凿出一个壁龛的错觉。

用华丽的边框展示物件，挂在墙上让所有人仰慕，让它尽享殊荣。

或者保持简洁：

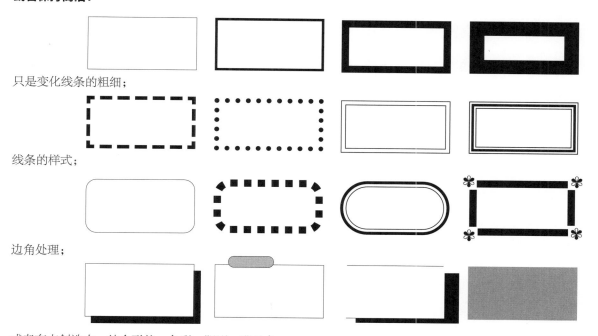

只是变化线条的粗细；

线条的样式；

边角处理；

或者有点创造力，结合形状、色彩、阴影、背景色……

或者复制一个画框的微缩图像。不必自己设计，如果你能找到符合主题、语境、载体和读者群的画框，直接拿来用更加方便。

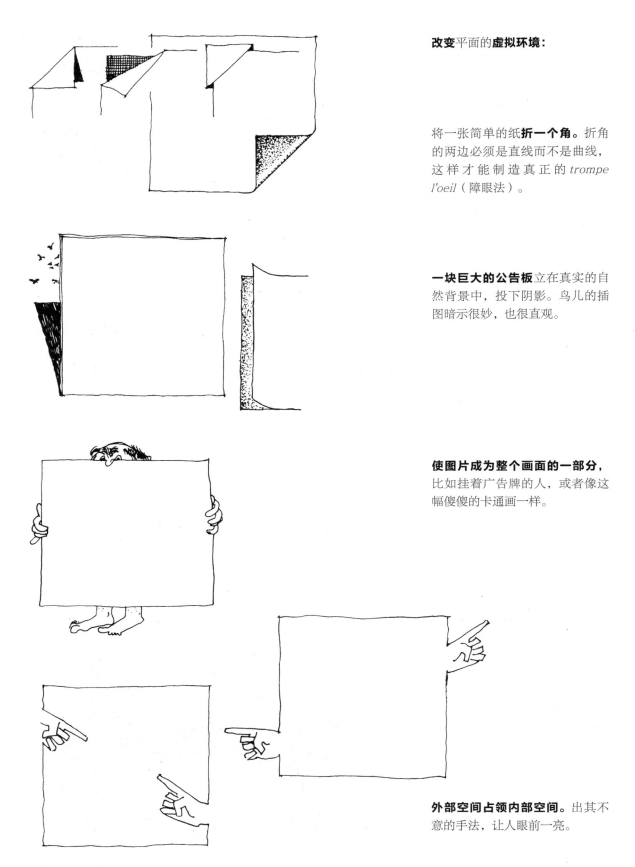

改变平面的**虚拟环境：**

将一张简单的纸**折一个角。**折角的两边必须是直线而不是曲线，这样才能制造真正的 *trompe l'oeil*（障眼法）。

一块巨大的公告板立在真实的自然背景中，投下阴影。鸟儿的插图暗示很妙，也很直观。

使图片成为整个画面的一部分，比如挂着广告牌的人，或者像这幅傻傻的卡通画一样。

外部空间占领内部空间。出其不意的手法，让人眼前一亮。

 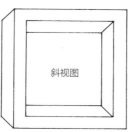 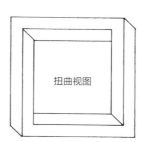 

正视图　　　　　斜视图　　　　　扭曲视图　　　　　不可能的视图

玩一玩"不可能的图形"。围绕某一形状的边，画三组等距的平行线条，连接线条交角的顶点。有些看起来效果合理，有些则是错误的。如果你在形状内部画出"错误"的连线，擦掉外部"错误"的连线，最终就能画出一个不可能的错觉图形。

装不下内容的边框。边框中的素材打破了边界，向周围空间伸展，显得更大更高，更具威胁性。

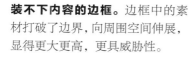

为了实现**戏剧性的反差**，可以在背景上添加一块意想不到的前景。这张海报显得巨大，因为一头犀牛衬托出了它的尺寸，而我们知道犀牛是个庞然大物。（这张犀牛图片是画家丢勒在 1515 年创作的版画。）将文字处于方框边缘外的出血部分切掉，可以制造出方框里面的内容也十分巨大的错觉。

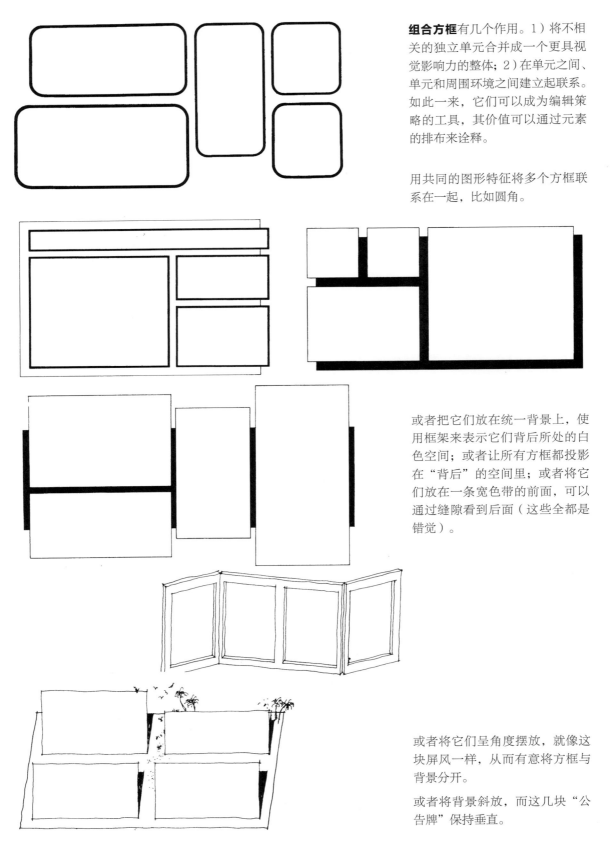

组合方框有几个作用。1）将不相关的独立单元合并成一个更具视觉影响力的整体；2）在单元之间、单元和周围环境之间建立起联系。如此一来，它们可以成为编辑策略的工具，其价值可以通过元素的排布来诠释。

用共同的图形特征将多个方框联系在一起，比如圆角。

或者把它们放在统一背景上，使用框架来表示它们背后所处的白色空间；或者让所有方框都投影在"背后"的空间里；或者将它们放在一条宽色带的前面，可以通过缝隙看到后面（这些全都是错觉）。

或者将它们呈角度摆放，就像这块屏风一样，从而有意将方框与背景分开。

或者将背景斜放，而这几块"公告牌"保持垂直。

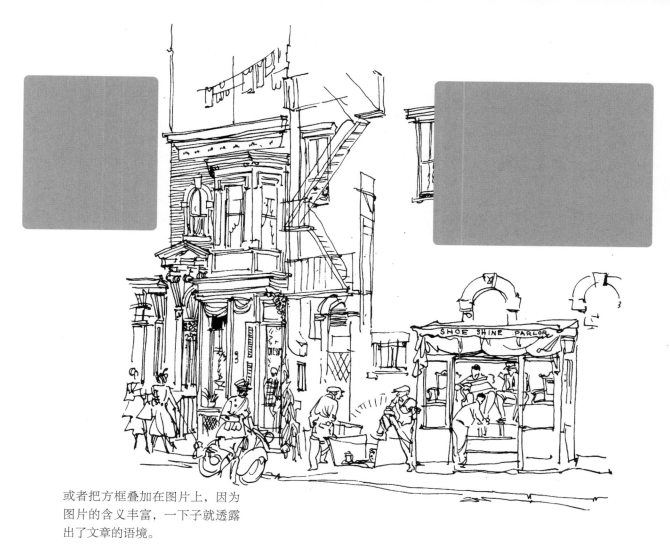

或者把方框叠加在图片上，因为
图片的含义丰富，一下子就透露
出了文章的语境。

或者纯粹为了好玩，给方框增加装
饰：把它们看成三维物体的一个面，
仿佛横梁的一端朝你的方向延伸过
来，或者是阶梯式墙面的一块板，
或者别的什么都行！

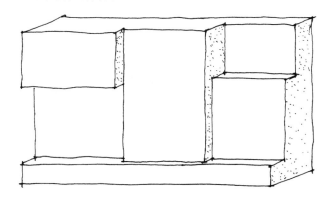

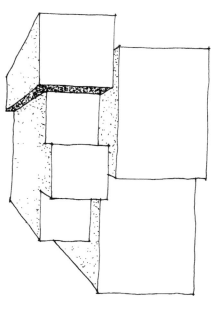

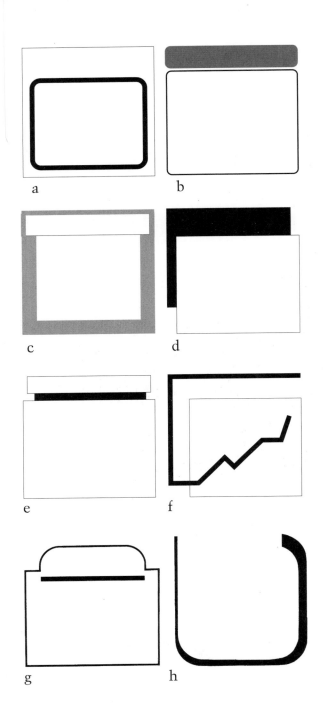

标题与框架的结合： 重复出现的元素可以建立结构化的设计，也应当如此，这样图表给人累积的印象才会更为丰富。编辑会提前知道写作的内容和字数，那么制作就简单多了：你不需要每次都从零开始。变化的可能性无穷无尽，有这么几种方法可以实现：

a. 圆角的电视机屏幕

b. 药瓶标签的上方再加一条灰色标签

c. 灰色边框的标签上叠加一条白色标签

d. 白色标签悬浮在彩色大标签的前方

e. 两个标签由一条横线黏合

f. 图表线条的一端延伸到方框之外，围成一块区域——为了达到效果而变了个戏法

g. 标签页、档案卡

h. 开放空间

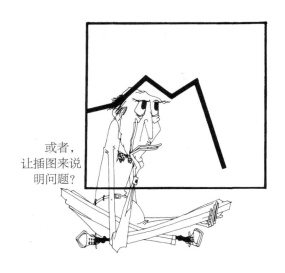

或者，让插图来说明问题？

线条

线条的粗细、样式有无数多种信手拈来的变化。你不需要寻找这些样式，所有的排版软件都可以实现。可以把线条看作自由的艺术创作。

8 点	▬▬▬▬▬▬▬▬▬
4 点	▬▬▬▬▬▬▬▬▬
2 点	▬▬▬▬▬▬▬▬▬
1 点	───────────
½ 点	───────────
¼ 点（超细）	───────────
双线型（等粗）	═══════════
刻痕型（粗与细）	▬▬▬▬▬▬▬▬▬
折痕型（虚线）	- - - - - - - - - - -
指引型（点线）	· · · · · · · · · · ·

线条能够组织空间，是我们用以"设计"页面的最有价值的素材。线条就像墙壁和藩篱，清楚地指明了内容的边界，对于快速浏览的读者来说是极为实用的标记。线条有助于界定页面上的元素。

线条能制造简单的反差，为页面增添"色彩"：想象一页纸上全是浅灰色的字体，在某处突然插进一条又粗又黑的直线……或是在一堆粗黑的大字中，用细幼的线条形成对比。无限的组合方式，平添了生机与活力。

"篱笆修得牢，邻居就处得好。"

——罗伯特·弗罗斯特《修墙》（1914） [1]

这段文字灰度均匀，字体纤细，栏宽较窄，每行约 40 个字符，十分易于阅读。字体是 Centaur，是由布鲁斯·罗杰（Bruce Roger, 1870—1957）在 1912 年设计的一款精细的正文字体。它的风格端庄高雅，适合在文章主题、主旨、读者群体都符合这种高雅细致的气质的情况下使用。

Regrettably and admittedly, it is misused here, reduced as it is to a mere typographic sample just to contrast its gentle, pale color to a brutally aggressive vertical 8–point rule sidescore flanking it a left.

Franklin Gothic is dark, heavy type
whose thick texture
can be further intensified
by contrasting it to the fine
hairline rules between the lines

Franklin Gothic 字体又黑又粗，而每一行之间纤细的直线，更反衬强化了它厚实的灰度。

线条能起到一些功能，突出强调标题中重要的词句，无论是用上划线还是下划线。划了线的词仿佛说话更"大声"了。

This short statement contains absolutely vital information
这段句子里包含了**绝对重要**的信息。

This sentence does not contain an important word
这段句子里**没有**重要的词。

1 译注：罗伯特·弗罗斯特（Robert Frost, 1874—1963），美国诗人。

This represents text set ragged-right and placed in narrow columns, perhaps four to a page. That means that there are few words per line. And to make typefitting matters worse, only a very deep hyphenation zone of three picas is specified to define the right-hand edge. As a result, the right-hand ragged edge is very ragged indeed, which is perfectly acceptable in a poem or a single column, but when you place several columns next to each other, the spaces between the columns (or so-called gutters) can look disturbingly untidy. To reestablish a modicum of tidiness, inserting a vertical hairline rule between them gives a geometric patterning that helps overcome the ugliness of that excessive raggedness. The two columns at far right in this example are separated by rules that are not centered between the columns but are placed deliberately closer to the left-hand edge of the columns. They seem to belong together better that way. • This represents text set ragged-right and placed in narrow columns, perhaps four to a page. That means that there are few words per line. And to make typefitting matters worse, only a very deep hyphenation zone of three picas is specified to define the right-hand edge. As a result, the right-hand ragged edge is very ragged indeed, which is perfectly acceptable in a poem or a single column, but when you place several columns next to each other, the spaces between the columns (or so-called gutters) can look disturbingly untidy. To re-establish a modicum of tidiness, inserting a vertical hairline rule between them

线条让页面更整洁， 适用于原本略显粗糙混乱的左齐右不齐文字。图释中进一步说明了这一点。尽管它十分小，但也要阅读。它比看上去的更短，因为文本是在圆点符号后重复的，所以不用再看一遍。它被设定为 Times Roman 字体的七分之六大小——太小了。

示例中的文字设置为左齐右不齐，放置在狭窄的文字栏中，一页约四至五栏。这意味着每行单词数很少。更麻烦的排印问题是，规定右侧连字符换行的区域宽度有 3 派卡（约 1.27 厘米）那么深，导致右侧参差的边缘十分不规则。这在诗歌排版或者单栏排版中完全可以接受，但多栏并排时，栏间的空隙显得凌乱不堪。为了略加收拾，我们在栏间插入纤细的竖线，让页面形式更具几何感，弥补难看粗糙的段落边缘。右边两栏左侧的线条并不在栏间距的正中位置，而是故意靠近文字左侧，这样看起来线条与文字的整体效果更好。

This is nine point Times Roman set solid, without additional linespacing, and using tight tracking, because this is intended to be an example of crowding a lot of words into a small space. It is just an example, and is not meant to be a recommendation, because it is false economy to crowd so much material into so small a space and expect to have it read. If something looks unacceptably thick and small and uninviting, it will be rejected. As a result, giving readers that much stuff is a failure, because packing it in is counterproductive. No money is saved, and all the money that has been invested in squeezing all this stuff in is wasted, because the product does not fulfill its purpose. The one good thing that can be claimed for this travesty is that at least the horizontal scale of the Times Roman has not been tampered with, so its proper legibility remains unsullied. Just look how awful this type looks when its horizontal scale is reduced to 90%—"We can get away with it, nobody will notice." Yes they will.

线条可以当作"分栏线"， 把过于紧凑的栏分隔开来，同时节省空间。（详见图释）

本段文字采用 9 点的 Times Roman 字体密排，无行间距，字间距紧凑，为的是说明大量文字挤在小空间内的情况。仅作举例用，并不推荐这种做法。如此密集地将文字硬塞进来，还指望有人去阅读？这种节约法是徒劳的。细小的文字密密匝匝，毫不吸引人，会被读者拒绝，这样的排版也是失败的，想要节省空间，起到的却是反作用。也没有节省钱，因为花在上面的财力精力由于产品没有达到功能需求而浪费了。唯一做得好的是它至少没有篡改 Times Roman 字体的宽度比例，易认性没有遭受破坏。看看最后几行压缩到 90% 宽度的文字多难看——"我们可以蒙混过关，没人会注意的。"就是有人会注意到。

优美易读的正文段落，字体为 Times Roman，字号、行高比为 10:12，字间距正常。这是正文与广告并排的一个例子，广告由灰色矩形表示，两者之间用样式活泼的线条隔开。

This is nice and legible text type, set in 10/12 Times Roman with normal tracking and at horizontal scale, as an example of text type run alongside an advertisement, represented by the grey rectangle, separated from it by an interestingly patterned column rule.

线条为产品增添个性， 如果它们自有一套微妙的规律的话，譬如老版《纽约客》杂志的波浪线，或者彩色的点线等等。特殊的线条样式从空间上和风格上把正文和旁边的广告区隔开来，对两者都有益处。

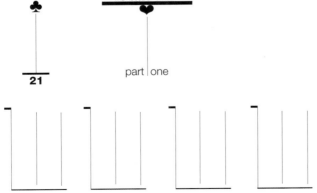

THE HOUSE OF CARDS

21

part | one

线条使页面更丰富， 将结构元素与个性化结合，在页面的头尾增添有趣的装饰。可以用于主题标题、连续的线条、页码、标记符号，等等。

线条可以作为样式元素， 放在背景中，给连续的页面赋予一种易于识别的特征，起到了将整本刊物的各部分关联起来的作用。它们还可以组合成图形，例如这种半开放式的方框。

制造产品 如果一本出版物想要在市场上赢得信任，取得成功，就要树立起一种值得信赖的气质。装腔作势、装模作样，是冒险的做法。如果读者感觉哪里不对劲（或许没有明确地意识到究竟是什么让他们感到不适），就会破坏我们自己的信誉。

有些细节会让我们显得尤其业余，其中仅次于拼写错误的，也许就是我们试图在页面上模拟**真实感**但却弄巧成拙。阴影就是能够营造真实感的元素，因为这是一种自然现象，是符合自然规律的。所以说，如果想发挥它们的功能，就得正确地使用。

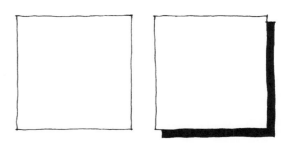

讲述故事 阴影有两个实用的方面。

其一，它们创造出立体感，增强了画面效果。

其二，它们创造出空间中分层悬浮的效果。分层的技巧可以帮助读者组织材料逻辑，将内容按重要性排序。靠前的元素比靠后的元素更重要，所以可能更应该得到关注。你值得花时间去把阴影的几何细节样式做正确，这样才能起到效果。

如果你没有学过几何学画法，画不出第 190 页那样的柱子的话，想要弄清楚真实的光影效果如何，最理想的方法就是搭一个模型，给它打光——这值得你投入时间和精力。

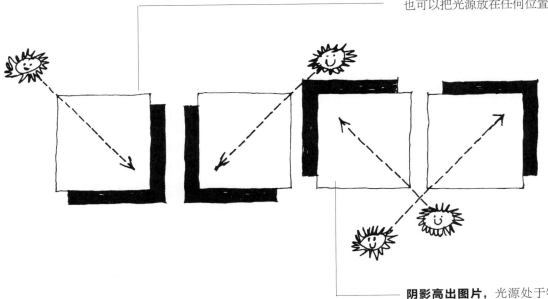

光源一般放在图片左上方45度角处，而阴影位于图片的后方。但也可以把光源放在任何位置。

阴影高出图片，光源处于物体下方，是不太寻常的出乎意料的做法。一张普通的脸，如果用手电筒从下巴往上照，就会变成万圣节的恐怖鬼脸。所以要确保用在合理的地方。

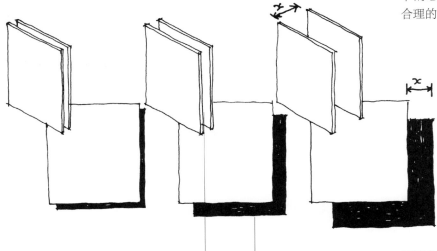

阴影宽度不能随意。这是非常重要的细节。在自然世界中，阴影的宽度取决于物体距离阴影投射面的距离。经验告诉我们：距离越远，阴影越宽。图中两个X等距。（光照角度也会影响它，但在实际操作中你可以不管它。）

避免单维效果，即阴影全都一样宽，随意投射在前后各层元素上。这种肤浅的效果一看就是错的。

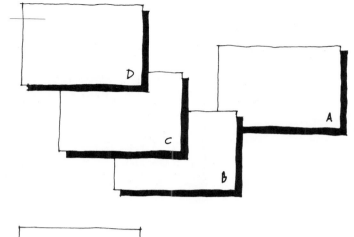

要构建正确的阴影效果，应当从背景开始，一层一层往上递进。阴影宽度会随着物件和背景之间的距离而等比例变化。看起来很复杂，但如果你一步一步地去构建，会发现这才是完全符合逻辑的。

A离背景最近，所以阴影最窄。

B叠在**A**上面，所以离我们这头更近，离背景更远。所以它的阴影更宽（除了它覆盖住**A**的那个角的阴影不同——这也是让效果更真实的技巧）。

C离背景更远，因为它叠在**B**上面，所以它的阴影相当宽（除了它投在**B**面上的阴影）。

因此叠在**C**上方的**D**，阴影肯定是最宽的（但它覆盖住**C**的部分阴影又略窄）。合理吧?

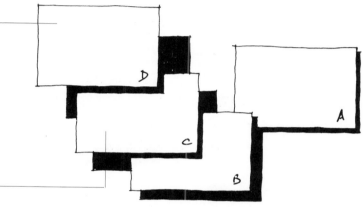

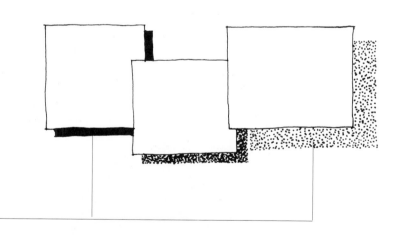

阴影的浓度也与其宽度有关。阴影部分越窄，颜色越深，阴影越宽则越浅。（物体和背景的距离越宽，就有更多的光溜进它们之间。）

拟真的阴影效果会有从浅到深的渐变，外沿部分最深（光的反射效果玩的把戏）。

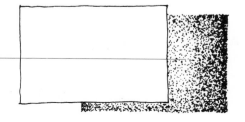

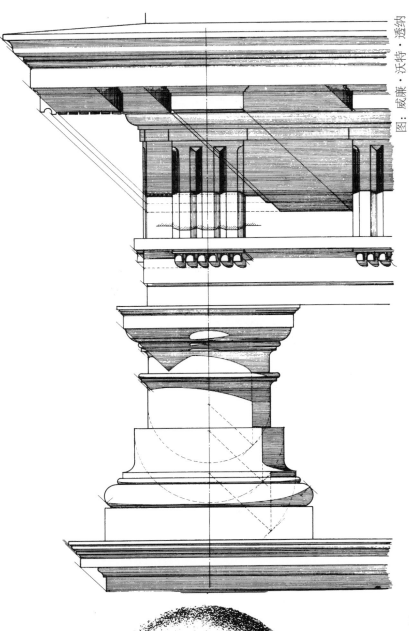

图：威廉·沃特·透纳

花点时间来研究一下：所有的暗部和阴影都按照逻辑规律出现在正确的位置上，哪怕是这种线条刚硬的技术绘图，眯眼看过去也是栩栩如生。（**暗部**指的是物体未受到光照的部分，**阴影**则由另一物体投射到某一表面。）在自然界里没有纯色调：这个甜甜圈到处都反射着光——也许上面刷了糖浆？

封面设计不是艺术创作的过程。在这个竞争激烈的市场中，每一本出版物都必须塑造自己的品牌，而封面就代表了它的个性，彰显着它的自我。它是冷血而商业化的，这是第一点。封面是最关键的一页，不仅因为它是展示"你"的平台，还因为它融合了其他几种关键的功能。它必须：

每期封面都有能辨认出的共同点	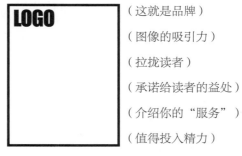	（这就是品牌）
情感上令人难以抗拒		（图像的吸引力）
引人注目，勾起好奇心		（拉拢读者）
触动人的思想		（承诺给读者的益处）
高效，快速，易于浏览		（介绍你的"服务"）
有逻辑		（值得投入精力）

制造产品

封面就是一张微型海报，就仿佛是一块户外广告，在你以时速 100 公里疾驰而过时向你传递信息。因此你必须站在更大的尺幅角度考虑问题——越简单越好。在细枝末节上小题大做并不能让你大获成功，因为大家都是这么做的。（去找个放杂志的架子研究一下，想象你把一本刊物的标识换到另一本上去：不会有什么大区别，对么？）

想清楚**是什么让你的产品与众不同，并且把这一点放大突出**。运用理性的商业思维，定义你的产品有哪些值得强调的独特之处。要慎重地考虑主次轻重，每个决定都是一次权衡，会带来隐性的得失，而最后的考虑结果可能与美学上的"偏好"没有多大关系。当然你是想让封面和刊物拥有良好形象的，但好看只是第二位的考量因素。

优秀的设计师会懂得如何既达到商业目标，同时又做出漂亮的设计。

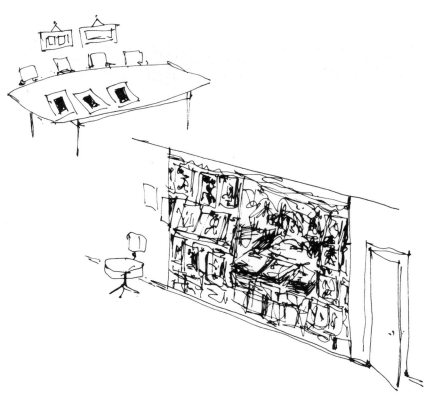

每一次都要观察设计所处的环境。 把作品孤零零地放在会议室桌上打量，是有误导性的，你会忍不住用"艺术"的标准评判它们。应该用潜在买家的角度去评判——在匆匆一瞥中，它是否能脱颖而出，赢得注意。不妨把封面提案放到普通的杂志架上，和其他当期的杂志塞在一起；用封面做一本假书藏到书报摊架子上，和别的刊物混在一起；把书报亭的照片以实物尺寸大小印出来贴到墙上，把新封面钉上去，尽可能地塑造最真实的环境；如果你的杂志不是通过书报摊销售的，那就把它藏到桌面的收件箱里，或者垃圾邮件里。要面对现实，不要受到那些设计比赛里获奖的肤浅美作的误导，除非你够幸运，能去设计一个以美感为使命的产品。

满版图片充分利用了封面类似于海报的性质。图片看似超越了四周边界继续向外延伸，你所见到的只是大画面中的核心部分，于是图片显得更大了。然而满版图不被文字"糟蹋"的情况太少见了！

边框将注意力集中到被围起来的区域。同时还能将产品与报摊上周围的竞品区隔开来，赋予产品易于辨识的个性。但是它会缩小图片尺寸。

多张图片将号召力扩大了几倍，让产品覆盖的领域更广，吸引更大范围内的目标读者。图片越多，每一张的重要性就越低，因此将一幅作为主图，加上几张小图比较妥当。

图片是目光的捕手， 能引起读者的好奇和注意。图片必须和上一期的不同（说明这本是新刊），却又在风格上保持一致（从而让产品有识别度，与其他产品区分）。不过真正促使潜在读者打开刊物阅读的，是文字，它们靠兜售"为我所用"的价值来吸引读者。

刊头标识和导读文字占据了封面，图片成为次要元素，起到帮助辨别新刊、增加视觉趣味的作用，势必需要敏锐的色彩选择。

学术类的期刊则规避了图片这种轻浮而俗艳的元素。思想内容的多样性才是至高无上的，也许除了背景颜色之外，其他的视觉效果变化都会被认为不够严肃。

权宜之计：把所有东西都放进来，取悦所有人。也许看起来是一团糟，但说不定正是符合产品的形象。看看竞争对手都在做些什么呢？

图片应该占主导地位么？ 设计师说："那当然！"记者则说："不，那只是装饰门面而已，重要的是文字。"发行人员不知道答案，但他们会进行测试，询问典型用户。广告销售人员会把最时兴的竞争伎俩引用过来，坚持要求我们做一个超越它的方案。显而易见，这完全取决于产品的特征、读者群和市场定位。

格式应当标准化。快速识别，是在竞争中取胜的关键因素——而且简化了制作流程。看似矛盾的是，框架的限制越严格，用它创造出的作品自由度越大。尽管如此，也不能让格式成为束身衣，要允许恰当的破例。

刊头即符号。设计需独一无二，每当提到刊物的名称，它的形象就能立刻在脑中浮现。刊头不只是用文字排印的刊物名称——必须对文字加以定制，成为图形化的签名。在栏目标题、文章标题等一系列样式统一、塑造产品整体性的标志性元素中，刊头也至关重要。

朴素的文字

装饰定制过的文字

装饰过的文字成了"图片"

刊头标识丰富的图形特征。在杂志主题难以用图像描绘时尤为重要。如果可以依赖图像，那么标识可以简化为单纯的辨识符号。无论哪种情况，都要**将标识放在干净、没有杂物的单独空间里，**体现气派和尊严。如果在周围堆砌标语、导读、宣传语、日期、刊号、页角叠加的标签，还有五花八门的扰乱视觉静态的元素，都会损害刊头标识的地位。

刊头位于左上角，当一叠刊物放在书报架上时，就能看到最开头的几个字母。如果杂志是通过邮件寄给订户，零售并不重要的话，那么刊头可以放在任何位置，没有限制，甚至可以根据画面、标题的要求，每期变换位置出现。

REALISTIC COVERLINE OPINIONS

导读文字的真相

不行！它们会糟蹋了图片！ 设计师抗议道。

谁在乎呢——有导读才卖得出去…… 出版商坚持道。

（但愿导读能说点读者在乎的东西）编辑窃窃私语。

最好别用俏皮的字体让读者分心！发行总监补充道。

短小精悍一点，或者句子里多加动词？顾问发表意见。

放几条最理想？老前辈说，那不一定，需要放多少就放多少。

有谁能给个确定的结论么？没有。这回他们终于统一意见了。

这就叫作"凭感觉办事"。

导读文字起到推销作用。它们的存在就是让人读——快速浏览。保持文字简洁；孤芳自赏地玩弄字体游戏不会吸引读者，他们只关心文字**说**了什么，而不是**看**起来多么可爱。为了具有说服力，导读文字应该尽可能的长，把该说的说明白。使用小写字母，因为读起来更快，还节省空间，在同样的空间里可以比大写字母字号更大。大写字母的确赫然醒目，但字数多了就很难识读。无论哪种情况都不要采用所有单词首字母大写的样式，这已经过时了。

导读文字的大小必须随着产品曝光的距离而变化：放在书报摊上的需要用大字，而从信箱里拿出来凑近看的则适合详细的小字。最好的权衡之法就是，用大字大声地吆喝最主要的文章，其他的则缩小到 14 点字号以下。小字号会让潜在买家不得不把杂志拿起来细看，而一旦他们做了这个动作，你可能就卖出了一本。

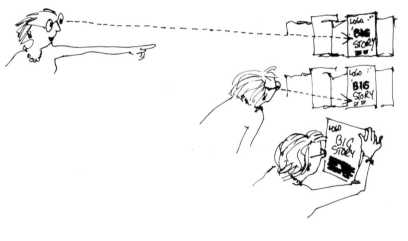

最理想的封面色彩是单色调的。这样会使产品看上去尺寸更大，也更优雅。单色也能让它与五颜六色的竞争对手区分开来。放在你的会议桌上的杂志越多姿多彩、引人入胜，它们在其他杂志堆里就越黯然失色。为了耀眼夺目，大家都去用四色黄，那你就要避免它，除非你想和书报摊上的死对头们融为一体。导读字体则不能和图片争奇斗艳，而是要形成反差，相互映衬，在这一点上，对比最明显的黑与白是最好的选择，因为它们都是中性色。

制造产品

目录需要被当成一个特殊的问题来看待，因为它是一个多功能的容器，承载着如此多的预期。但是，尽管我们把它拿来单独考虑，它却并不是独立存在的，它紧随在封面之后，形成二次出击。两者之间的联系必须清楚明白，因为盼望着阅读的读者会在目录中查找封面上承诺的精彩内容。

——现在就要。

目录也是向还未决定购买的读者展示其好东西的地方，所以它得帮着卖，卖，卖！精彩内容必须展现出来，目标读者才能理解供他选择的内容，方便地选取一二。

——越快越好。

因此目录必须组织有序，供目标读者使用。传统的"特别报道／专版／专栏"分割法会把事情搞复杂，既没有必要也没有帮助[1]。用列表按照顺序展现刊物的结构就是最好的。读者想知道的无非是这些：1）还有什么内容；2）谁写的；3）在哪一页。

——立刻找到。

还有其他两种目标读者：

1）想在过刊里寻找特定内容的读者。他们想要一张根据话题、主题、作者、日期、页码排列的清单。列表就是由语言构成的图解，重要的是文字如何编写、如何组织、如何在空间中展示彼此之间的关系。它的目标是——**直观地浏览。**

2）广告投放者和代理商，他们不是读者，但却与刊物的内容紧密相关。他们希望自己投资的是对自己的产品服务最理想的广告位。他们几乎没人会欣赏刊物中精美的细节，只想知道里面的话题和报道范围。目录就是他们寻找线索、**快速获得清单**的地方。

---

1 在那个黄金年代——大约 1980 年以前——杂志的前页（FOB）、中页（MOB）或"天井"、后页（BOB）三部分有着明确的划分。天井（也叫"洞穴"）是神圣而不可侵犯的部分，专用于刊载特别报道，不放广告。光鲜亮丽的广告放在前页，其他的就流放到最后几页的西伯利亚去。"编者按"（类似编者信、专版、专刊、新刊介绍等信息，以豆腐干的篇幅出现）则见缝插针地放在杂志前页和后页的广告中。各部分无论在内容还是篇幅上都有清楚的区分，因此把它们按结构列在目录中，合情合理。而现在，随着杂志"贯通式"的组编方式，广告也渗透到内文中，专栏或专版的插入位置也更为随意。没有了清晰的划分，读者就容易迷失，然而老一套的目录结构方式还留着。何必呢？

除此之外，目录还能通过强调和弱化字体字号、色彩、独立元素、空间分布，甚至概要等，体现文章相对价值的高低。

再进一步说，传统观念规定你必须用图片把页面打扮得多姿多彩，这样才能挑动人的好奇心，引诱随意翻阅的读者上钩。可是将空间用在视觉的谄媚上，剩下的空间就不够你再好好组织页面了。这些视觉装饰真的有必要吗？什么才是更有价值的？

你最后总得找个地方把所有的东西都硬塞进去。

没有一本杂志的目录是包揽一切的，每一本的目录都必须反应刊物各自的特征和需求。去买 50 本各种类型的杂志，把目录撕下来贴到墙上，方便比对分析。研究一下，它们的对象群体是谁，它们又是如何达到目标的。随后才动手开始你自己的工作。先定义你的问题，编写大纲是最艰难的一步，但有了计划之后，实际的排版会变得很轻松，不需要刻意"设计"，因为每个问题本身就蕴藏了解决方案的线索。

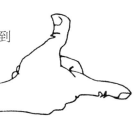

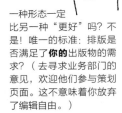

一种形态一定比另一种"更好"吗？不是！唯一的标准：排版是否满足了**你的**出版物的需求？（去寻求业务部门的意见，欢迎他们参与策划页面。这不意味着你放弃了编辑自由。）

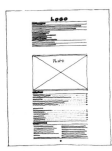

目录不能，也不应当包罗万象。文章列表应当尽可能清晰实用，其他所有东西都是辅助元素，必须顺从目录，不能喧宾夺主。列表必须实用有效——这就是发明书页的意义：用户友好度的终极体现。要避免页面太满，在视觉上令人无所适从。不要将没有明显逻辑的元素随意放进去，而是要归纳分组，收紧同组元素的内部空间，疏松组与组之间的空隙。同时也必须考虑列表的形态是否易于理解，便于浏览。

"目录" 两字往往被放得巨大，力图制造影响力，占据了页面顶端一大块黄金地位。如果页面本身就符合目录的外观，又为什么要浪费精力和空间呢，何必画蛇添足？

杂志口号、宣传语常常置于目录页上，因为它属于刊物注册名称的一部分，一般紧随刊名放在封面上，但为了清除周围冗杂，让刊名更生动醒目，辅助性的宣传文字则可以移到这里来。

刊名标识应当为紧随其后的一连串版面标识奠定视觉风格的基调，但能做到这点的极少，因为标识往往是好多年前设计的，内容却常换常新。所以这里把标识缩小些。或者，如果使用了封面缩略图，可以靠它来实现标示品牌的作用。

日期、卷号、刊号不要放得太大，因为它们只是起到参考作用。如果它们放在专用的小角落，则可以用特别细小但仍能被注意到的字号显示。（在封面上它们的作用是方便快速查找。）

封面缩略图，及其注释和鸣谢信息。往往代替刊名标识，放在刊头最上方。

附注文字，比如"建于1863年，前身为水泥－浇筑公司"之类的，是用来建立信任、虚荣的商品价值，或者名正言顺地保留古老的名字和商标的。把它们缩小、变浅，放在不起眼的地方。

刊头列出了发行人员的名字、部门和电子邮件地址，以职位从高到低排列。在许多发行人栏中，职位比姓名更重要，字体更粗更醒目。列表应当包括专业顾问、协会主席、编委会成员等人的姓名。业务部和广告部人员名单则按照逻辑出现在广告索引页中。

www 主页是打着"服务"名义的一条微型的自我推销广告，不属于目录。

页码的地位常常压倒一切，因为数字是很漂亮的，容易对齐，形态又有趣，而且它们就意味着"列表"。页码的目的不是为了装饰页面，它们存在的意义是指明标题中兜售的精彩内容在哪里可以找到。按照思考顺序，它们是最后的（也是最不重要的）元素：
什么话题？
什么内容？
讲了什么？
谁负责的？
啊哈！听上去挺有意思——那么在哪儿可以读到？

附注包含了出版信息、地址、发行周期等基本信息，所有这些技术性的内容都应该尽可能地放到别处去。（邮局要求这些信息要出现在前五页内。）在目录页上它只是个毫无地位又浪费空间的脚注，被极不情愿地塞进页面，缩得特别小，看上去就像一团模糊的污迹。

编者联络方式往往是一段闲聊式的邀请。更干净的处理方式是：将电子邮件地址放在刊头，紧靠着刊名。或者把这个信息放在直接面对读者的指引性栏目中，比如"下月预告""其他内容"，以及包含出版信息附注的地方。

新刊预告不应该挤在这里。预告下一期有更精彩的内容，就是贬低了本期的内容，让人捉摸不清。应该放到别的地方展示。

重复导读文字。 在目录页将一模一样的导读文字重复一遍（**以及文章本身的标题**）。避免因为追求"有趣"而变着花样遣词造句，这样会导致有阅读欲的读者反而迷惑不解。这难道值得吗？你需要让标题直接、显见地被识别，这样读者才能马上找到。

把目录放在第 3 页或第 5 页上，这是读者最可能寻找目录的战略位置。但不管放在哪里，都要坚守住那一块宝地。否则逼着读者每次都去寻找目录指引，是不会赢得喜爱，也无法树立影响力的。

跨页是引人注目的地方，也非常实用，因为它有这么大的展示空间。两个分开的单页则效果欠佳，其实还会让人摸不着头脑，除非它们是连续的双数或单数页面，并且在设计上有意与彼此统一。唯一的好处是：你可以把两个单页另一侧的页面卖给广告。

忽略特稿／专版／专栏的组织功能，哪怕"向来都是这么做的"。它们满足编辑的组稿目的，胜过满足读者的需求。但如果这些分类标签不可或缺，就用恰当的字体排印来区分它们，并按照顺序排列。由于特稿是最重要的，可以用大而粗的彩色字体；专栏比较特别，因此可以用大写字母、小型大写字母来表示；版面标题则可以小一点，低调一点。一举多得，照顾到了所有人。

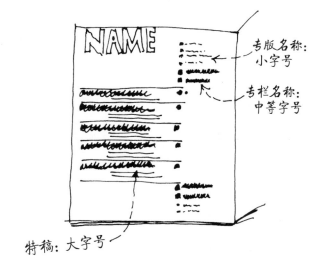

专版名称：小字号

专栏名称：中等字号

特稿：大字号

目录页的页码按次序排列

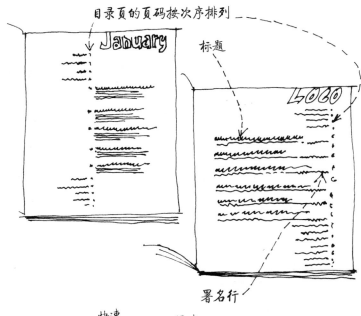

January

标题

LOGO

署名行

目录首先相当于一张地图，偶尔才是销售工具，展示你的内容有多棒。最理想也是最实用的地图，应该将产品原样微缩呈现，将内容按照在刊物中出现的顺序一一先后列出。

快速浏览

慢速阅读

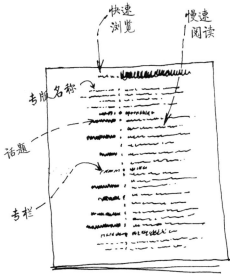

专版名称

话题

专栏

用话题名称展现内容，将各种涉及的专题陈列出来，使这些话题成为主导元素，易于快速浏览。将信息进行视觉层级排列，能让信息的获取更便捷。

人们相信图片可以引起兴趣、增加吸引力。图像有趣、直观、引人好奇，而文字则是需要人思考的。一张好的目录页可以做到两全其美：既容得下图片，又起到路线图的效用。但不要本末倒置。图片要缩小，因为不需要仔细研究它们——在具体文章里它们会履行这一功能的。如果图本来就小，则把最具标志性的细节裁切出来，起到最好的引导作用。想一想，邮票的尺寸那么小，却蕴涵了多么大的乐趣呀。

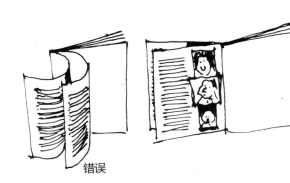

错误

正确

错误 （不错的页面，但图片放进了内侧，因为这是一张右页。）

附注： 如果在最后时刻为了安插广告，页面从左边换到了右边，别忘了修改对应的设计。

正确 （一模一样的页面，但是在左页，图片处于外侧。）

根据左页或右页的特性来设计目录，因为两者的实体特征是不一样的。如果使用了图片，就不要把图藏到内侧，而是要利用图片吸引随手翻阅的读者进来阅读。把它们放在最能发挥作用的地方——页面外侧，这样能第一眼就看到。而看见文字放在外侧，则令人感觉慢条斯理，枯燥无味。将图片展露在外侧，让目录页（以及整本刊物）显得更有活力。而从另一个角度看，目录页的真正目的就是要将故事陈列出来，所以也许文字应当放到外侧去首先让人看到。如何选择，取决于你认为产品应当给人形成怎样的印象。

指示、标签，是与读者直接沟通的元素，告诉他们所读的内容是什么、在哪里可以找到。标识、版面的"记号"（固定的图案徽标）、页码、方向指示等，均属此类。

把你所有的指示标记方法当成相互关联的一组元素来仔细检查。单独地观察每一种手法，再挂到墙上从整体的角度来端详。判断它们是否易识、易用、前后一致，从而发挥它们的三种功能：

制造产品 | **1. 识别标记。** 按照定义，所有的标签指示都应该让人注意到。这种关键的即时可见性，让指示和标签成为产品视觉个性制造过程中重要的一环，在纸质和电子媒介上皆然。它们让产品具有了整体性的附加值。

讲述故事 | **2. 定位标记。** 它们起到路牌的作用，帮助读者在刊物中明确自己所处的位置，不论是在纸质还是电子媒介中。

3. 导航辅助。 它们是方向标，无论读者想要看什么内容，都能引导他们找到。在读者匆匆忙忙的时候（他们一向如此），能否立刻找到目标，乃是服务的关键。

所有的指示标记，都是**精心构思的索引系统**中的组成部分。这个系统在我们专业的产品中贯穿始终，远不止是一张漂亮的"内容目录"，用图片装饰招徕目光。它涵盖了服务导向的设计细节，例如把页码字号放到足够大，使人拿着书随意翻阅时，即使眼睛离得很远也能识别页码。

 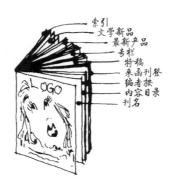 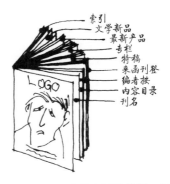

将重复元素放在固定位置，每一期出版物、每一张网页都是如此。用户在既定的位置找到自己最喜欢的内容，才有舒适感。固定的位置会养成用户的习惯，营造亲切感，让人感觉所订购的产品是属于自己的。另外，这也方便了定位寻找。

把指示标记放在显眼处，毕竟它们的目的就是为了让人注意。它们适合放到左页的左上角、右页的右上角。

不要将标签埋在内侧（譬如右页的左上角）。除非读者有意寻找，不然是看不见它们的，所以要把它们展露在读者眼前。

左右两页不能直接换位。建立一个机制，每一次因为最后时刻插进来的广告页而让左页换到右页的时候，都提醒自己注意。解决问题，把标签移到外侧来，每次都不例外。

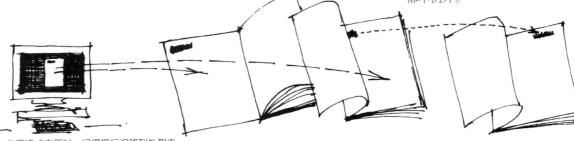

左页换成右页时，记得把标识移到外侧来。

这页说的都是猪

这页说的都是羊

这页说的都是河马

指示标记是页面上用来表示话题的标签，同时也是塑造刊物整体性的链条中的环节。图中每个标记都不同，但它们都是动物。每一个标记的图形既要清晰（解释该页），又要前后一致（连接整体）。

它们都是动物园故事的组成部分。

体现刊名标识的图形特征，全套的版面标签都呼应主标识风格。每个标签都象征着主标识所代表整体的一部分。这一系列规整、一致、有高度辨识性的图像，增强了整个产品的重要性和个性。

让标签更引人注目，发挥最大的效用。观众并不像你一样熟悉产品，因此不要想当然地以为产品的结构对他们来说也是显而易见的。这个产品占据了你生活中的一部分，可他们只看到过一会儿。他们需要帮助，也会赞许你的帮助。标记需要更具侵入性，也许并非如你所愿，但它们是要发挥作用的。

空白让标记更醒目。空间不够时，你得费力让文字大喊大叫才能引起注意。而有了充足空间，你就可以把标签写得更小、更紧密、更优雅。这个小细节会影响到整个产品的个性，也是其整体风格不可或缺的特点之一。

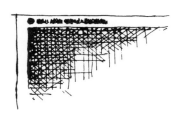

在拥挤的空间里，小标识毫不起眼，

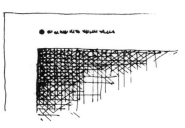

但在充裕的空间里就十分惹眼。

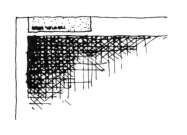
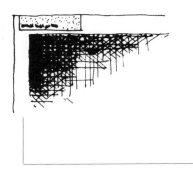
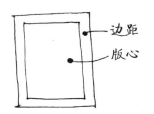

让标签不要对齐版心的边缘。 看上去可能不够整齐干净，但能将两者与彼此分开，将标记独立出来，强调了它是一连串指示标记中的一环。

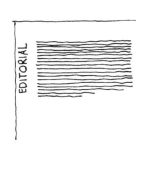

侧放标记（放在翻口上），从下往上阅读， 也会将标记与正文隔开，强调标记的独立性。同时还能促使读者将书横过来快速翻阅浏览，就像看一本产品目录一样。（这就是为什么要让文字在左右页面上都保持从下往上阅读的顺序。）而围绕着页角边排列的标签则将信息分成了两层。

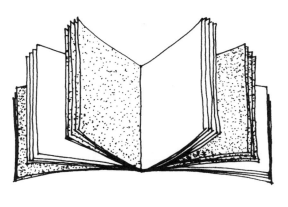

采用不同色纸 也是划分产品各部分的好办法。也许操作不便，但效果岂不是会很好？如果把颜色直接印刷出来呢？或者所有的内文部分都试用浅浅的黄色背景——这样会让它们联系更紧密，与小块的广告分隔开来，无需赘述就能表示这是由编者撰写的内容。

拇指标签、分页卡标签， 以及其他索引方法很有可能是组织整理各类别文章的终极手法。如果把素材归纳成了如此清晰划分的部分，何不把它设计成显眼的特殊风格，将易用性作为独特的卖点来展示呢？

Our kids will be happier in class soon

中学校园整修引人瞩目

混淆不清的不同说法：**Renovations of High School take center stage**

Arguments about High School renovation

关于中学校园整修的争论

标题。 封面导读、目录、文章页的标题要使用相同的文字。有些编辑觉得，变换标题的说法可以增加刊物的"趣味性"和"多样性"，然而他们会付出很大代价：匆忙的读者——也就是几乎所有的读者——无法对应标题找到内容，会很沮丧。哦不，会很恼火。重复一样的词句，是最简洁高效的做法。可以通过字体排印处理，改变大小和形态，实现风格上的变化。

关于中学校园整修的争论

Arguments about High School renovation

关于中学校园整修的争论

Arguments about High School renovation

一致的标题，通过字体变化来实现不同风格：*Arguments about High School renovation*

关于中学校园整修的争论

跳页行关键词。 选用标题中的关键词，方便快速识别。避免产生理解上的困惑，需要人细读、分析、思考，哪怕紧随其后的精彩标题有很高的水准。指示标记应当迅速被注意到，而重复关键词就是最简单直接的辨别方式。

完整标题：**Renovations of High School take center stage**

Center Stage 作为关键词太愚蠢，这只是一种说法，这个词的字面意思"中心舞台"也会导致歧义，文章可不是在报道演出。

愚蠢的跳页提示：**Center stage** *ctd from p. 27*

平庸的跳页提示：**High School** *ctd from p. 27* —— High School 这个词平庸无常，因为它所说的内容没意思。不过它还算容易辨识，因为 High School 是一个首字母大写的名称。

有效的跳页提示：**Renovations** *ctd from p. 27*

Renovation 这个词不错，不仅浓缩了文章的意思，也重复了标题中第一个词，也是最容易被注意到的词。

跳页位置提示。 在视觉风格上要与其他所有标签、指示标记保持一致。"见某页""见某页起"对读者来说是重要的功能，只要能清楚地发挥作用，用文字或箭头等符号表示都可以。（如果跳页继续的概念表现得很明显，也就无需跳页提示，当文章只是延伸到了对页和反面时，不必使用提示。）

continued on page 135   >135   ☞135

continued from p.27   <27   ←27

页码和刊名位于左页，日期和页码位于右页，这种传统的排列方式往往被简化为

00 刊名 　　　　日期 **00**

并且常用圆点、分割线和小装饰加以美化。

| ● ◻ — ＊

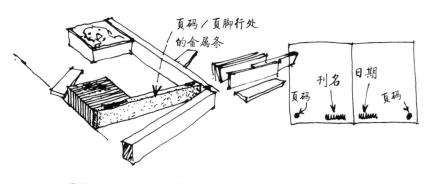

页码、页脚行（包含页码、刊名、日期）并不是给页面添乱、添麻烦的元素，而是能够营造个性的重要标记。将它们放在页面下角，符合读者的习惯。（为什么一般都放在这里呢？来源于旧时习惯：印刷工人以前会做一条与页面等宽的金属片，外侧标有页码，内侧标有刊名或日期。这条金属片定义了页面的尺寸，相当于页面结构从下往上搭建的地基。每一行文字、页面上的"切口"或图片以及元素之间的间隙，都是金属活版。）

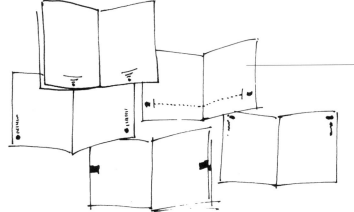

打破常规，将页码放到别处——你想放哪里就放哪里，尽管去创新——只要页码和辨别的标记足够明显，能够发挥作用。

页脚行的设计必须与全套辨识／指示标记符号融为一体。其中杂志刊名应当呼应封面的标识。

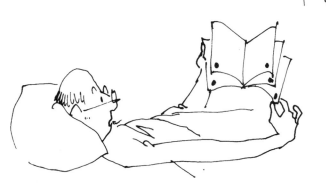

页码要足够大。在随意翻页时阅读距离较远，但也是最需要页码的时候，要保证页码易于辨别。（在近距离细读时，页码可以用优雅的小字，但预设所有人都会细读，未免有些不自量力。）

色彩——就其本身来说——只是一种中性的原材料，就像空间、字体、图片一样。明智地使用色彩，要求我们超越"把标题做成蓝色""页面需要装饰一下"这样的理念。色彩无疑能够提高图片质量，**赏心悦目**，但这远远不够。它还应当**启示思想**。它应该与文字含义结合，又超出含义之外，起到更大的作用。这种实际的效用对于读者来说远比单纯漂亮的颜色有价值得多，哪怕色彩本身的美感多么令人兴奋。

制造产品 | 在印刷流程中，色彩最基本的属性不是美学的媒介，而是理性的技术，有着功能性的应用目的：辨识、强调、连接、组织、说服，有时也包括人为地制造美感，但这通常只是个副产品。

讲述故事 | "第一印象价值"不只是一句职业人士的口头禅，它是纸媒实现有效传达功能的核心要义。它强调了文字所蕴含的宝贵思想，同时又通过排版将其呈诸眼前。这就要求写作／编辑与设计流程融为一体。将色彩作为功能性的素材使用，要求我们：

1. 定义信息的要点。

2. 决定什么是对读者最有价值的东西。

3. 把它展现出来，结合文字、图像、空间，清晰明了地排版，采用读者能够理解的文字／视觉语言，充分利用色彩将思想表达得**更清楚、更生动、更难忘**。

不要仅凭喜好选择颜色。带着目的，仔细地考虑规划。平静和谐的色彩往往比冲撞的杂色效果更好。选择相互联系的色彩，谨慎使用，通过以下方式挑选配色：

1）色调（即色彩种类，比如红色）

2）饱和度（即浓度、亮度、纯度）

3）色值（即灰度、暗度、明度）

色值是印刷中最关键的因素，它影响了色彩对比，而对比反差才能让元素凸显——这恰恰是你运用色彩想要达到的效果之一。

色彩是会捉弄人的。同样的色彩，背景不同、环境不同，看上去的效果也会不同。

在浅色背景上会显得更深，在深色背景上会显得更浅。

在冷色调背景上会显得偏暖，在暖色调背景上则会显得偏冷。

在有纹理的表面和光滑表面上，色彩的表现也不一样，如果它印在有色纸张上，你更是不知道效果如何。（要测试！）在屏幕上，随着校色设置的不同，色彩效果也会有差异。

色彩还会玩别的把戏，不过如果精密的配色——或者艺术品校色——不是重点的话，可以忽略它们。在功能型的信息传达中，**色彩的作用比它们的外观重要得多**。

色彩影响解读方式。这串香蕉依次是：新鲜的香蕉；熟得正好可以吃的香蕉（就像儿歌里唱的，"黄澄澄的带点斑，味道最好营养足"）；烂香蕉；冰冻的香蕉；石头雕的香蕉；紫香蕉（艺术家的阐释？）；小朋友用蜡笔画的香蕉；不是香蕉，而是又红又酸的芭蕉。

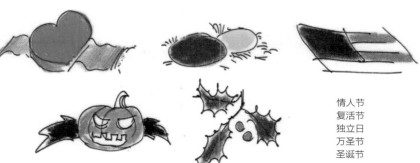

情人节
复活节
独立日
万圣节
圣诞节

蓝色的是小男孩　　粉色的是小女孩　　还没出生的用中性色表示

冷　　　　　晒伤　　　　　妒忌　　　　　尴尬

愤怒　　　患了黄疸病　　　　容光焕发　　　　死人

我们说话时会夹杂习语，它们不太能按字面理解，但字面却为解读增添了"色彩"。所以你也可以用色彩来强化一种大家都能明白的暗示意义。不过也要当心比喻中的陷阱：银行家们就不喜欢红色（赤字），他们喜欢黑色，除非他们戴着玫瑰色的墨镜。

红色
热，热情，血腥，恐怖，燃烧，革命，危险，活跃，张扬，
友爱，剧烈，冲动，残忍，破产，停！

粉红
肉质丰满，性感，女孩子气

橙色
温暖，秋天，柔和，非正式，平价，成熟，明智

黄色
活力，明亮，乐观，欢乐，明媚，活跃，刺激，醒目，难忘，
智识，想象力丰富，理想主义，胆怯，警告！

绿色
自然，丰沃，惬意，冷静，耳目一新，财政，繁荣，年轻，
丰硕，健康，妒忌，染病，腐烂，出发！

卡其色
军事，单调，战事

蓝色
安详，冷静，皇室，清晰，清凉，和平，恬静，杰出，公正，
水，卫生，遥远，保守，深思熟虑，精神上的，放松，可信

深蓝
浪漫，月光，沮丧，暴风雨

棕色
大地，成熟，准备丰收，顽强，可靠，勤勉，坚固，吝啬

褐色
传统，褪色，老旧

紫色
皇室，权利，奢华，教会，浮夸，仪式感，虚荣，怀旧，缅
怀，葬礼

白色
清凉，纯粹，真实，纯真，干净，可信，简单，诚实

灰色
中性，治安，稳定，成熟，成功，富裕，安全，回溯，朴素，
冬日，老旧

黑色
官方，可敬，权利，强大，当下，务实，庄严，黑暗，消极，
绝望，邪恶，空洞，死亡

金色
阳光，宏伟，富裕，聪明，荣誉

运用常识挑选色彩，尽管据称色彩会产生左图所述的心理暗示，但这不一定有效，因为国籍、年龄、环境、社会、经济阶层，甚至情绪都会影响到人们对色彩的反应。此外，许多职业和群体中已经形成了专用的色彩语汇。更复杂的是，**色彩效果会受到周围环境的影响**，不同色彩区域的大小比例会改变观感（见第 208页）。哪怕是光线也会有作用：在昏暗的办公室里，明亮的色彩和巨大的字体会让出版物的效果更好；而放在明亮的日光下时，淡雅的色彩和小字体会更加合适。没有定律。

可参考第 246 页的专业术语。

彩虹色序（赤、橙、黄、绿、青、蓝、紫）

粉笔色（粉蓝色、粉红色、黄色、浅灰色）
女性气息。表现了温和、爱意、关心、柔软、朦胧、多愁善感、春意盎然的感觉。

清新干净的色彩（黄色、浅蓝色、浅绿色）
健康。让人联想到凉水、日出时带着露珠的草坪、柠檬和酸橙的香气、新鲜采摘的水果、户外气息。

自然色（泥土的色彩，各类棕色、橙色、墨绿色、红色和金色色调）
安全，可靠。它们代表了有机土壤中土法种植的食物：健康营养，就像奶奶做事情的方式。因此将这类色彩与传统字体和图片结合，会传递怀旧的信息。

张扬的色彩（第一级：红色、黄色、蓝色。第二级：橙色、绿色、紫色）
主导视觉。这些活跃鲜明的色彩会跃入你的眼帘，大喊大叫地吸引注意，所以也可能被解读为咄咄逼人。

撞色（不同寻常的色彩组合）
兴奋感。在华丽浮夸风格盛行的年代，撞色显得很当代，因此它们符合年轻人的口味。充满动感。创新求异。

安静的色彩（任何朴素、柔和的色彩）
放松。表现了不主动、友好、和平、谦逊。它们常常沉入背景之中，往往受到年纪较大、社会较富裕阶层者的青睐。

暗色（黑色、灰色、银色、紫色、棕色）
男性气息，而在克制极简的风格中使用则显得高雅。让人联想起晚礼服、英国皇家爱斯科赛马会场上看见的常礼服和大礼帽、20 世纪 90 年代的高科技。

优雅的色彩（银色、金色、棕色、灰色、栗色、深蓝色、黑色）
时尚，高端；顶尖的品质和昂贵的价钱。

运用常识讨论色彩偏好。 所有类型的测试和调查都显示，大体上，女性偏爱温暖明亮的色彩，男性偏爱暗沉冷静的色彩。女性喜欢红色胜过蓝色，男性喜欢蓝色胜过红色。孩子喜欢的颜色顺序是黄色、白色、粉色、红色、橙色、蓝色、绿色、紫色。成人喜欢颜色的顺序则是蓝色、红色、绿色、白色、粉色、紫色、橙色、黄色。可这有用吗？用处不大。这样的表述太模糊。究竟是哪一种"红色"或"橙色"——色谱细微的变化是无穷无尽的。而这些笼统的说法之所以存在，只是为了让选择的过程不那么令人生畏。放松一点。**你使用颜色的目的比你选用哪一种色调更重要。**

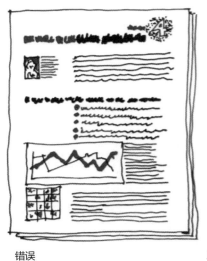 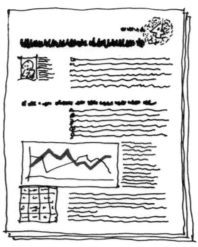

错误　　　　　　　　正确

色彩最明显的区别也是它最具有价值的地方：它不是黑色。这一点使你能将读者的目光引导到你认为重要的位置，不要浪费。色彩只有在足够明亮、足够大、足够显著、足够**少见**的情况下才会被注意。少即是多。

色彩的使用要大胆、干脆、强烈，因为你知道它会给你的沟通手法加分。几个小点无法引人注意，因此不必费心。运用色彩的元素必须值得以色彩强调，值得从页面上跳将出来，有力地跃入读者视线。

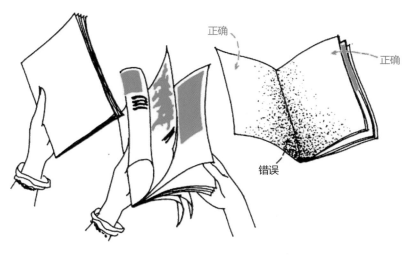

正确　　　　　　　　正确

错误

把色彩放在看得见的地方，发挥最大效用。不要把它埋在内侧藏起来。当潜在读者在页面外侧注意到色彩时，这会有助于吸引他们进一步阅读。出版物是捧在手里翻阅的物件，所以充分利用它的物理特性和功能只是常识而已。

用色彩的亮度和数量为信息分级：
越是重要的元素，色彩越鲜艳。
地位较低的士兵仅用围巾和帽子
上的少量红色来表示，中尉则有
一件红色外套，上将则穿着一身
华丽耀眼的红服。

让重要的内容更显眼，使用强烈
的、高饱和度的、主导性的、张
扬的色彩。"暖色调"会显得更近，
一下子抓住人的目光。要弱化某
些内容，就使用低调的、隐性的、
苍白的色彩。"冷色调"会显得
离观者较远。

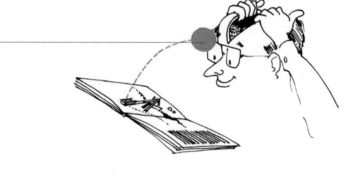

考虑色彩属性的调整：区域越大，
色彩就应该越淡、越不唐突。区域
越小，色彩就可以越生动鲜明。从
比例和关系的角度去思考，而不是
色调的角度。

先选好背景色，再配合它选择强
调色。考虑色彩之间的关系：色
彩不是独立存在的，永远要将其
周围环境纳入考量。各种颜色的
比例变化时，效果也会改变。唯
一的准则，就是不断试错，获取
经验。做一本色彩样张，附上注释，
作为视觉记录。

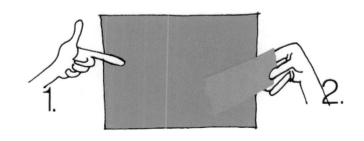

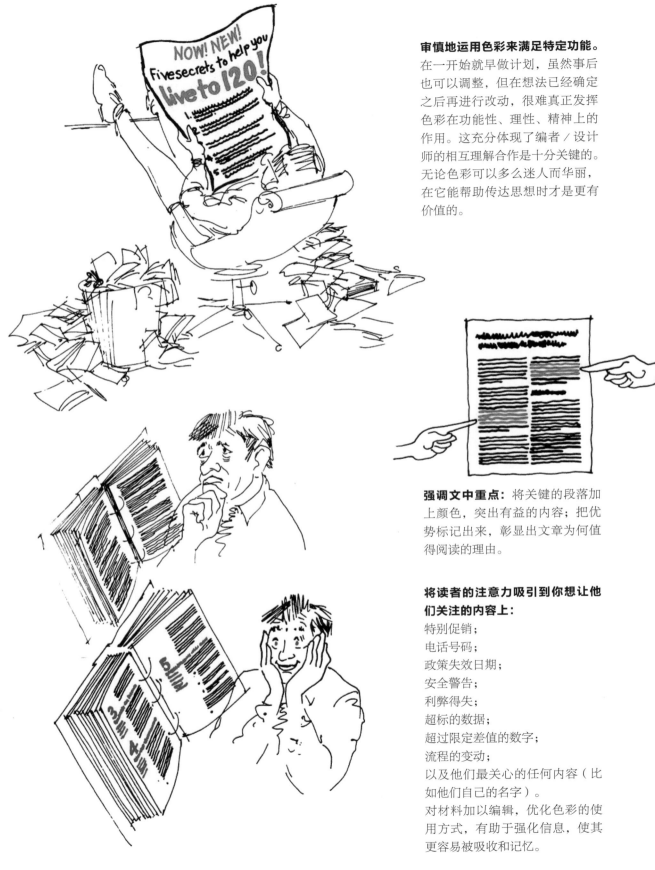

审慎地运用色彩来满足特定功能。
在一开始就早做计划，虽然事后也可以调整，但在想法已经确定之后再进行改动，很难真正发挥色彩在功能性、理性、精神上的作用。这充分体现了编者／设计师的相互理解合作是十分关键的。无论色彩可以多么迷人而华丽，在它能帮助传达思想时才是更有价值的。

强调文中重点：将关键的段落加上颜色，突出有益的内容；把优势标记出来，彰显出文章为何值得阅读的理由。

将读者的注意力吸引到你想让他们关注的内容上：
特别促销；
电话号码；
政策失效日期；
安全警告；
利弊得失；
超标的数据；
超过限定差值的数字；
流程的变动；
以及他们最关心的任何内容（比如他们自己的名字）。
对材料加以编辑，优化色彩的使用方式，有助于强化信息，使其更容易被吸收和记忆。

对比两组数据。区分最新的信息和过时的信息，目前的情况和预期的情况，足球队今年的成绩和去年的成绩，参数信息的修改版本等。彩色的素材是否比黑色的重要，取决于其比例和文字排印上的强调策略。无论是哪个重要，视觉呈现都可以通过色彩分成两个层次，读者一眼就能立刻理解含义。

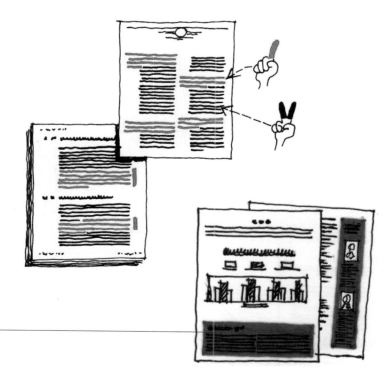

对信息加以组织、分类、编纂、归纳。将辅助性的信息分离出来，用方框围起来，用边栏把它隔开。彩色方框中的内容往往被理解为次要的信息类别——可以略过，但需要时随时可以查看。

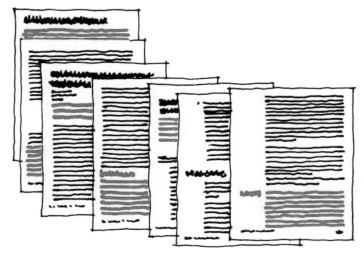

让长文显短，可以用色彩来定义和区别摘要、结论、作者简介、梗概、指南、自我测试等部分的信息。文章仍然占据相同的空间，但似乎需要阅读的文字变少了，因为附属的元素被拆解出来用不同颜色表示，看上去有了不同的感觉。

划分信息主次，将出版物的页码、页眉、页脚、标识等"例行公事"的标记和主要文章分开，用色彩呈现重复性的元素。这样页面会更简洁，不显拥挤，读者也更容易集中精神阅读文章。

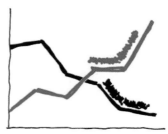

将相关元素连接到一起。 图表中紫色的注释自然而然地与紫色线条关联，就像图片里派对上穿紫色衣服的女士立刻就注意到她对手相同颜色的着装。要注意颜色的关联性，如果使用不当，会误导读者将页面上不相关的元素联系起来。

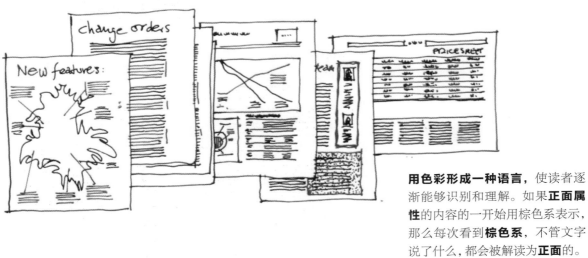

用色彩形成一种语言， 使读者逐渐能够识别和理解。如果**正面属性**的内容的一开始用棕色系表示，那么每次看到**棕色系**，不管文字说了什么，都会被解读为**正面**的。

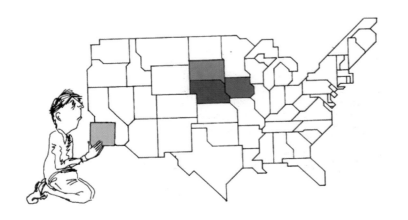

颜色的编码应当简练。 除了黑色之外，不要使用超过四种颜色，否则每一次你都需要有一张色彩图例，解释它们的意义（避免这种情况，因为图例又要读者花费时间精力去研究）。黑色加上三种明显区分的颜色，就很容易被记住。

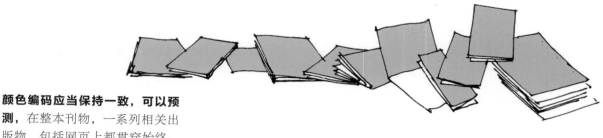

颜色编码应当保持一致，可以预测，在整本刊物，一系列相关出版物，包括网页上都贯穿始终，建立个性形象。

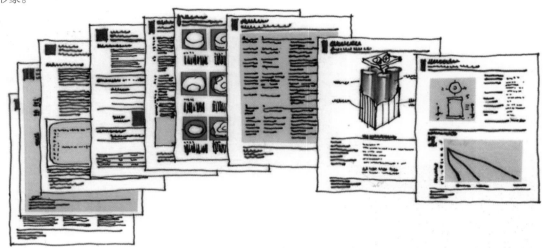

使色彩具有持续性，因为连贯一致的外观能强化产品形象，多变的外观则会拆解形象。只采用一种背景颜色，重复的颜色能让不同部分彼此相似，也符合读者的预期。"从属"关系对于页面、文章、系列、期刊形象等都颇有益处。

用隔页打断长篇连续的页面。类似于名录这样厚重的出版物，经过分隔处理后，看上去更薄、更容易阅读，对读者也更加友好。色彩可以用来表示重复出现的页面，例如章节起始页、主题性的插图和语句、流程图表、位置地图、辅助性的目录、自我测试、梗概等。

用色纸区分特殊部分，但在字体排印风格上仍要保持一致。颜色让内容与众不同，而其他一切因素则帮助内容"从属"于刊物。

这段文字故意设置成又小又密。在白纸黑字的情况下，识别比较容易，文字最能突出，因为白纸黑字创造出最大的色调反差，而且我们对此习以为常，觉得这样十分自然轻松，因此青睐这种做法。本段文字仅作展示说明，并非推荐。

当同样一段又小又密的黑色文字印在彩色背景上，识别起来会更困难，但如果色彩较浅，仍可以过关。背景色彩越淡，色调反差越大，对阅读习惯和正常预期的干扰也越小。

当同样一段又小又密的黑色文字印在彩色背景上，且背景这么深的时候，识别起来会极为困难。谁会费力去琢磨这堆乌糟糟的东西写了什么？

这是一个反例。

这段文字更大、更疏松（字间距更大）。放大了字号，增加了行间距，每行字数减少。白纸黑字上它可能略显沉重。

这段文字更大、更疏松。放大了字号，增加了行间距，每行字数减少。黑色的文字印在浅色背景上，视觉上十分轻松，因此也很易读，可以接受。

黑色文字在深色背景上，尽管没有上面的例子那么不堪，依然不太理想。但在不得已而为之的情况下，还是可以勉强过关。

黑色文字印在彩色背景上。 背景太深，会影响黑色文字的易认性。

这段文字故意设置成又小又密。在黑底白字的情况下，就更难阅读，色调的反差太大，让我们感到不习惯，太刺眼。另外，又小又细的字母会被深色油墨堵塞，我们不得不用力看才能识别文字。

这段文字故意设置成又小又密。在深色背景、白色文字的情况下，也十分难读。不仅色调对比太大，让我们感觉不适，而且又小又细的字母会被好几层叠印的油墨堵塞，除非对版分毫不差。这样的烦恼绝不应该强加给读者。

这段文字故意设置成又小又密。在浅色背景、白色文字的情况下也很难阅读，色调反差太小，因此很难分辨印的啥文字。为什么要让潜在的读者如此费力地识别呢？

这段文字设置成无衬线体（字间距更大）。放大了字号，增加了行间距，每行字数减少，字体加粗。

这段文字与左边设置相同。字体更加简洁，字母笔画粗细均等，并且设置为左齐右不齐，为的是让词间距的节奏保持平均。

哪怕文字更醒目、更疏松，字间距更大，行间距更大，每行文字更少。

白色文字 在背景为反差较大的深色时阅读效果最好。黑底白字太极端了。使用无衬线体，防止油墨堵塞衬线部分，也要避免使用超粗字体，否则字怀部分也容易被油墨浸染。

均衡设置背景色值。 由于黑字在白底上比在彩色背景上更易于阅读，这就立刻建立了信息的优先等级——人会最先注意到易读的文字，这部分内容就意想不到地获得了优先。将背景色值平衡一下，就能够解决这个容易引起误解的不均衡问题。

有色背景上的黑字，看上去重要性不及

白底黑字，它仿佛更有力，

因为黑白的反差更强烈。

这行浅色背景上的黑色文字的清晰度

和这行差不多，尽管色调不同，

但色彩的色值是相似且均衡的。

这段文字故意设置成又小又密，用四色黄印刷——色值相当于12%的黑色，也就是非常浅的灰色——几乎看不见，更别提易认性了。当用青色印刷时，识读起来容易多了，因为青色的色值相当于67%的黑色，即深灰色。它与白色背景的反差更大，因此文字也更容易辨认。

哪怕这段文字故意放得很大，用四色黄印刷时——色值相当于12%的黑色，也就是非常浅的灰色——几乎看不见，更别提易认性了。当用青色印刷时，识读起来容易多了，因为青色的色值相当于67%的黑色，即深灰色。它与白色背景的反差更大，因此文字也更容易辨认。

文字颜色较浅时的补偿方法：

加粗，
字号放大，
增加行间距，
减少每行字数，
设置左齐右不齐。
保持文字排印风格简洁。
使用无衬线字体，
避免使用奇异的、
夸张的、
过宽的、
过窄的、
过于倾斜的字体，
以及纤细的意大利斜体，
不要使用太多全大写字母。

**允许色彩
大声喧哗。**

白底上的彩色文字会遭受对比度降低的影响，因为彩色比黑色要淡。选用深色和简洁的字体排印风格来加以补偿。

Never run type in black,
white, or any color,
on a mottled background
if you expect to have it read
by more than two people
(you and your mother)

彩色背景上用彩色文字是危险的做法。在选择时应当以对比度为准，而不是选漂亮的色调和鲜明的程度。避免在鲜艳的背景上印鲜艳的文字，这会让眼睛很疲劳。要不断测试。

切忌把字印在杂色背景上，不管黑字白字还是彩色的字都不行，假如你想让读者超过两个人（你和你妈妈）的话。

递进的色彩比较有活力，具有动态。渐变的填色创造出一种变换的错觉（由此及彼，向外向内，从前往后）。自然的目光顺序是从左开始向右移动，但这会因色彩本身的设置而改变：双眼往往会被亮色先吸引，接着才转移到暗色或浅色部分，不管它们的位置关系如何。

头尾色调变换递进使色彩的动势更强烈，尤其是当颜色具有明显含义的时候。锅子那一端箭头尾部的冷色调，随着尖头指向火焰而变得炽热通红。

右上角趋势线的末端（"最新信息"）得到了强调，因为是白线反衬在深紫色背景上。而左侧起始端（"过往信息"）则弱化了，因为在浅色背景上线条很淡。当图标线条变成黑色时，效果就完全相反了。

色值反差越大，越能引起注意。如果渐变色调较深，则放在浅色背景上，引导读者注意重要内容；反之，浅色渐变要放在深色背景上。这与颜色的色调或亮度无关，而是与它的深浅有关。这个技巧可以用来生动、清晰地表达意思——或者欺骗读者的眼睛。

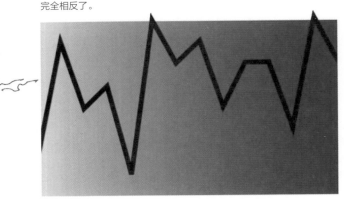

谨慎地处理纯色块。除非你的出版物中所有的纯色块都使用一种标准颜色作为风格元素，否则在彩色照片旁边的纯色块应当与图片一起作为整体效果来考虑。这个例子中，蓝色块和棕黄色调的照片冲撞到一起。你是有意为之吗？如果是也罢，如果不是……

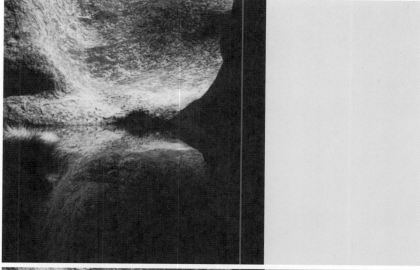

那就**搭配与照片相似的色调，**从而扩展图像的感染力。你所选择的色彩会强调照片中相似的色域，增加吸引力。在这里只是选取了石头的颜色（这是澳大利亚的艾尔斯岩 Ayer's Rock，又称乌鲁鲁 Uluru）；

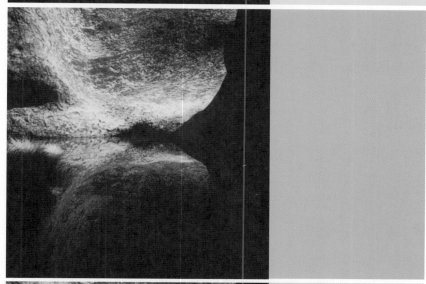

或者更好的方法是：使用渐变色块，达到与全彩照片近似的效果。渐变色块比纯色块看上去更接近自然，因为在自然中没有纯粹的单色。纯色只存在于印刷等人造环境中。天空的蓝色色值，从上到下是变化的。一面墙或许刷成了纯色，但效果随着光照不同也会变化。注意你身边的世界。仔细地使用色块。

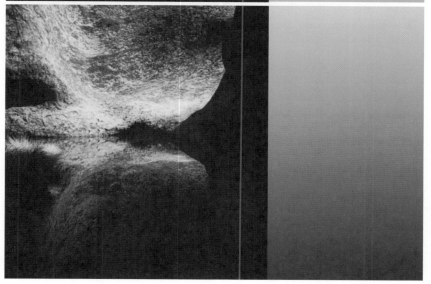

聚焦彩色照片中的某一元素，通过操控色彩来实现这一效果，把这个看成另一种形式的"编辑"工作。我们固然应当把精美的图片原样呈现，保护它们不受篡改和"美化"；但从另一个角度看，也许对图像的略微调整有益于更迅速、更清晰地传达信息。

举个简单的例子。图中是加拉巴哥群岛的蓝脚鲣鸟。下面两张"美化"过的图片是否比原图更好呢？这两种处理都有必要吗？擅自破坏原图的纯正性，效果是否值得？这是个哲学问题，并非纯粹美学角度能够解决，而是要从编辑角度考量：我们的目的是什么？我们的定位是什么？我们的客户有什么需求和要求？我们如何用最生动直白的方式告诉他们？

选项 A：

修改图片中的其他颜色。此处将图片处理成黑白，只有鲣鸟的蓝色脚掌保留了全部的颜色。

选项 B：

原图不动，但使用色调相配的蓝色方框将图片围起来。

制造产品 | 一本优秀的出版物，凡满足以下标准一二，就不必另求"与众不同"：时事话题，发人深思，独立观点，叙事动人，引起争议，妙趣横生，使人获益，启迪人心，有知识性，有职业操守。

凡是仍在运营的出版物，无不反映出编者的勇气。有些人可以靠比别人更大的胆量、创造性和原创性而侥幸取得成功，但出版这一行绝不应该退化成对所谓创意、创新或者哗众取宠的时髦设计的盲目追捧。它的外观不应夸张，而是要满足它的目的，适合它的读者。我们制造产品是为了他们（而不是为自己）。就像游行队伍里的乐队不能在前面走得太远。

可预期性合乎读者心意，因为可预期的东西让他们感到亲切舒心。如果你能够成功发展出一套式样，让它既合乎逻辑，又满足目的已经实属不易，若还能服务于订阅者而非满足你的自我虚荣心，那就坚持一贯地使用这套格式。知道你的产品为何要成为这样的产品，是极为宝贵的禀赋。

行之有效的原创，是在另辟蹊径和不负预期之间权衡的结果。当形式和内容都缺乏原创性时，可以预期到的只能是**无聊**。诀窍就在于区分长期一致的形式和即时更换的内容。（这一点和本书所有的内容背道而驰，因为本书所讲的形式和内容都是相互融合的。但在本章的语境中，请暂时在你的脑中将这两者分开。）

常规的格式制造出可预期性，使人易于辨别产品形象；而对**新闻内容**的创新处理则赋予刊物生命力，让它充满惊喜，令人兴奋。但如果内容被迥异的形式包装起来，则危及出版物整体的可预期性。你得在原创性和可预期性之间达到平衡。

讲述故事 | 固然，你想要脱颖而出，想要产品"激动人心"，但我们都用力过猛了：我们觉得只要再加一层视觉炫技，就能吸引注意力，攒集更高的阅读率。

没错，的确会引起注意，但却是出于错误的原因。我们不应该依靠装饰，而是要信赖主题本身的精彩有趣。判断一下哪一方面内容是最有价值的，把它加以彰显和表现，让它成为真正说服投资者购买、读者阅读的原因。

你无需追求与众不同，只要你：

1. 不要将页面铺得过满。页面满满当当，会被读者略过，哪怕它包含的材料颇有裨益。如果内容值得出版，那么它必须是：1）能引起注意的；2）看上去有价值的。它值得好好展现一番——说服你的管理层在纸上多花点钱。

2. 将信息拆分成组合部分（"信息单位"）。许多人是以视觉为线索记忆信息的：在页面上的哪一处看到的……它的旁边是……它的色彩……以及它的尺寸。用分割的板块来构造页面，将各个信息单位以独立元素的形式展示在页面上。

3. 组织页面空间，清晰界定区域。挖出空白的"护城河"，添加线条作为"城墙"，将各区域分隔开；用背景色或字体的变化界定某个区域；变换区域内容的灰度或尺寸；让它们脱离彼此的对齐范围。也许页面会略欠整洁，但对于受众来说却更有效。还有什么比产品的效用更重要的？

4. 针对素材设计合适的区域形状。别不假思索地把图文一股脑儿地倒进规规矩矩的双栏、三栏、四栏的筒状空间里，而是要发展出一套框架，符合素材的含义和写作的结构。如果按照这样的结构来塑造内容呈现的形态，那么视觉效果就会成为内容的线索——它既能成为视觉定位的手段，也能增添页面的多样性。

5. **跟随行文变化文字的灰度肌理。**例如连续的篇章应该与列表项看上去不同、用数字标明顺序、使用易于快速浏览的醒目字体、摘要、梗概、署名行、引语……各有不同。这样每一部分的意义都能彼此区分开来，易于辨识。而这种视觉上的差异也让人更容易记住信息。

6. **不要在信息单位内部混合不同类型的信息。**

充分利用它们能展现出的视觉差异：

摘要（快速总览，目的介绍和范围）

评论（章节末尾的总结）

概念（定义某个东西是什么）

结构（某个东西如何聚合、组织）

步骤（做什么、怎么做）

流程（如何操作某件事）

分类（元素的编目）

比较（利弊、前后、好坏）

解释（脚注）

交叉引用（评注、别处的并行信息）

索引（目录、文献、词汇表等）

7. **运用对比反差，帮助读者搜索。**将重要信息醒目地展现出来，加粗放大，靠近页面顶端。让它从一片白色空间中凸显出来。让它显得气派。把次要的东西埋到下面去，缩小减淡。

8. **贯穿使用同样的视觉技巧。**在每一页、每一期、每一本出版物之间都重复使用。如果技巧适合素材本身，就不会显得无聊，反而会形成一种视觉语言，辅助迅速阅读和理解。再者，这样独特的语言也有助于让你的产品与竞争者区别开来——并不是因为视觉风格怪异，而是因为它符合逻辑，从而为产品增值。

9. **根据素材内容选择语言／视觉手段。**尽量用表格、曲线、地图、照片、图表、图标等替代文字。将数据转换成视觉形式，削减相关文字描述，避免信息冗余。这样文字会更简短，数据也会更容易抓取。

灵光一现是极少发生的偶然，多数时候还要靠苦思冥想。"天才是 1 分的灵感加上 99 分的汗水。"托马斯·爱迪生是这么说的——他应该早就知道了。催发灵感的方法：

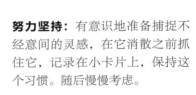

没错，但没有灵感怎么办？

努力坚持： 有意识地准备捕捉不经意间的灵感，在它消散之前抓住它，记录在小卡片上，保持这个习惯。随后慢慢考虑。

加以发展，整理成档案： 从各处搜集想法和灵感，并且加以注释，让自己记住它们哪一方面有价值，让你觉得会符合你的需求。把在这本剪贴簿从头到尾翻一翻。以前放弃的想法现在可能是有用的，把它重新拾回。这不是抄袭也不是研究，这是搜寻灵感。

放松地思考： 把它当成一个有趣的问题，别太当真。保持开放的心态，准备好冒险。这只是一期刊物而已，马上就会出另一期——没人会记得你犯了什么错。如果没有起到你所希望的效果，也就没人会知道，读者不会像你自己这样失望。

原谅自己： 假如哪里出了问题，没有成功的话。不妨建立一个可靠的朋友网络，与他们商讨想法，降低风险。

排除消极想法： 不要因为"我们从没这么做过""他们永远不会买的"而拒绝任何想法。谁说"他们永远都不会明白"？重新审视所有的假设，挑战陈旧的观念，不要阻止任何想法。别做批判自己的法官。

产生视觉上的灵感，并非对每个人都易如反掌，但有一些实证有效的技巧。这些技巧最大的效用在于，它们能放松你由于恐惧而产生的紧绷感，它们给了你一些工具（窍门？），缓解了你的思考量：

用双手来描述动作、方向、包围、动态，随后把手的形态画出来。手和箭头一样具有表现力。

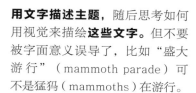

用文字描述主题，随后思考如何用视觉来描绘**这些文字**。但不要被字面意义误导了，比如"盛大游行"（mammoth parade）可不是猛犸（mammoths）在游行。

找寻规律，在表面的混乱中建立秩序。也许它们的共同点可以通过视觉表现。

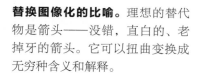

替换图像化的比喻。理想的替代物是箭头——没错，直白的、老掉牙的箭头。它可以扭曲变换成无穷种含义和解释。

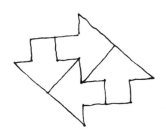

利用细节作为一个符号，如果你能找到一个可以代表整体的部分的话。

将熟悉平常之物改头换面，夸张出奇异而惊人的效果。站在他人的角度去看。外行对同一个问题会有什么反应？

站在新的角度观察事物，提出事实性的问题：缘由是什么？发展路径如何？效果如何？规模、容量、密度如何？发生在世界的哪个地方？可以从哪里看到？发生在历史的哪个阶段？发生在一天的什么时候，天气如何？

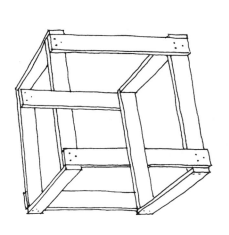

在黑白印刷的时代，其他所有的东西都会显得奢侈稀罕，彩色的照片更能使人眼前一亮。如今没什么东西值得稀罕了（除非照片成了黑白色）。你需要的不仅仅是油墨色彩的讲究。制造惊喜不能只靠视觉，而是要承载意义。这就是编辑设计发挥作用的地方。

如果你真的想要用图像震撼人心：

情感丰富的图像通过角度、色彩、光照而创造**有力的情绪**。

使用模糊照片表现出**强烈的动作**。

照片和艺术作品中**不同寻常的色彩组合**。

照片人物直视读者的眼睛，**产生亲密感**。

在页面上印制**比实物尺寸更大的照片**。

不寻常的比例组合（比如这个渺小的人在涂刷巨大的蒙娜丽莎画像）。

巨大的文字（但只在文字的确重要的时候管用）。

除了普通平视以外的任何**视线角度**。

将同一对象的**不同版本组合**在一张画面中。

将图像对接成不规则的、混杂不一的形状。

用时间线等长条的形状**体现变化顺序**。

人像变成动物，表示讽刺的（或危险的）言论。

夸张的尺寸、颜色、比例，以及任何突破常态的东西。

不常相互联系的事物**格格不入地组合在一起**。

自然照片与平面卡通混搭。

怎么样都行。

你在屏幕上看到的是虚拟世界,不是真实的(除非你做的就是网页)。最终收到产品的读者,拿到的不是屏幕输出,而是一本用纸做的软趴趴的物件。因此,要保持从实体纸张的角度去思考问题。

制造产品 将每一页的缩略图打印在纸上,能够起到提醒你注意真实纸张性质的作用,而且比在屏幕上陈列缩略图更加有效。再进一步说,看到纸上按照顺序排列的页面,能迫使你以立体的、流动的模式去思考。

纸质缩略图与购买者最终看到的产品极尽相似:他们一开始翻看、纵览页面时,下意识里看到的是大比例尺下的样式格局;只有在随后集中精力阅读时,才注意到细节。纸质缩略图让你能检查宏观的样式,不至于受到微观细节的牵绊。这是一个视觉上的流程,必须用肉眼完成,不能靠记忆想象。屏幕显示与纸质印刷还隔了整整一代。纸质的实体值得我们去额外花费心思,因为追求一致性和前后逻辑顺序对期刊有改进作用。

讲述故事 随后,在结束前检查其他内容。阅读一下标题,检查其拼写和含义,这往往是会发生最尴尬的错印的地方。尤其注意清除一些不知怎么偷偷溜进来的愚蠢问题,比如间距不当。

SKIP ANTS
SKI PANTS

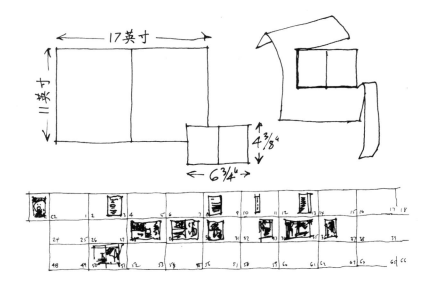

打印样张，将每页比例缩小至40%左右。这个尺寸足够分辨页面的样式格局（这是你需要的），但不足以显示过多细节（你不想迷失在细节里）。将多余的边裁切掉，把页面放在墙上审视。当一期内容将近完成的时候，检查页面之间的流畅性、对比、亮点、生动性、重复性、文章的详简。比较文章与文章之间的对比，思考空间和时间中它们的关系。

随后，深思熟虑、铁面无私地给

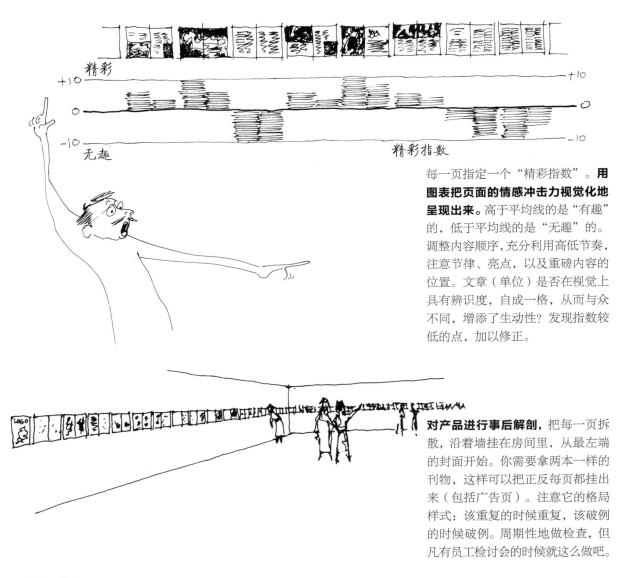

每一页指定一个"精彩指数"。**用图表把页面的情感冲击力视觉化地呈现出来。**高于平均线的是"有趣"的，低于平均线的是"无趣"的。调整内容顺序，充分利用高低节奏，注意节律、亮点，以及重磅内容的位置。文章（单位）是否在视觉上具有辨识度，自成一格，从而与众不同，增添了生动性？发现指数较低的点，加以修正。

对产品进行事后解剖，把每一页拆散，沿着墙挂在房间里，从最左端的封面开始。你需要拿两本一样的刊物，这样可以把正反每页都挂出来（包括广告页）。注意它的格局样式：该重复的时候重复，该破例的时候破例。周期性地做检查，但凡有员工检讨会的时候就这么做吧。

审阅设计时通常会把页面钉在墙上，这样会拆解页面，让它们不再真实：你看到的是平整的页面，但在现实中它们绝不会是平的。而且它们的尺寸比例也不合现实，因为你远远地审视它们，只能看到较大的元素，弱化了正常阅读距离下（从鼻尖到纸张大约 30 厘米）能够看见的细节。**因此在这种情况下要间隙性地查看印刷成样**，迫使自己看到读者也会看到的东西。

将纸张平折，检查页面之间边距的对齐情况。不要想当然地认为你希望它是什么样，成品就会如你所愿。意外是在所难免的。问题是，读者会认为这是粗制滥造、工艺不精，于是产品的形象遭了殃。所以时时警惕不一致、不对齐的地方，是相当关键的。

将纸质页面沿着水平线对齐平铺，检查边缘是否精确对齐。如果只是将页面呈扇形散开，或者快速翻阅，则无法进行清晰而可靠的检查。

防止反透。纸张太薄时，一面的图像会反透到另一面上，这就很可惜了，因为会把正反两面的内容都弄糟。但这个原理可以用来帮助检查对齐的准确度，以及正反两面图片的边缘位置关系等。可以把样张放在灯箱上，或者对着窗外逆光查看。

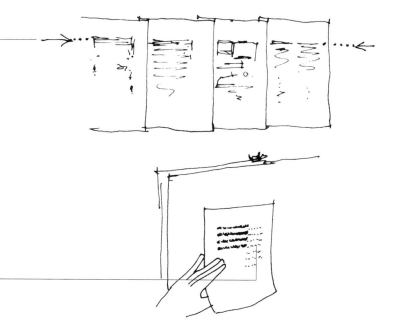

In particularly narrow columns like this exaggerated example, justification forces disturbingly artificial word spacing which results in "rivers" of white space flowing inside the column. Gaps inhibit smooth reading.

举个夸张的例子，在这样极窄的栏里设置两端对齐，会迫使单词之间拉开不自然的间距，干扰视觉，效果就是白色空间在文字栏中如"河流"一样穿行而过。这些间距阻碍了流畅的阅读。

In particularly narrow columns like this exaggerated example, justification forces disturbingly artificial word spacing which results in "rivers" of white space flowing inside the column. Gaps inhibit smooth reading.

倒置版面，迫使自己将它作为抽象的对象来看待。图像不再是图像，而是变成了方块，于是结构排布就凸显出来。倒置法还可以将文字排印中的异常现象鲜明地表现出来。当文字旋转 180 度后，词间如鸿沟一样的间距变得更加突出了。

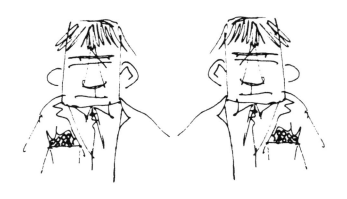

不小心左右翻转的图像不仅让人物看上去略显怪异（因为人脸都不是对称的），而且西装胸袋的位置也反了，背景中路牌上的 STOP 字样也会被读成 POTS。

检查首字下沉的大写字母是否拼出了**意想不到**的单词。不可思议的是，这种不经意间酿成的大错往往就这么偷偷溜进了页面里，尤其是在用醒目的大字排印的时候。

大声质问"那又怎样？"，把这句话加在你的每一行标题后面一起读出来，让自己听到。如果答案是"也没怎么样"，说明这是一条空洞无物、索然无味的标题。重写，加入一些**主动动词**，在含义中加入"你"的指称。如果需要多用些词让标题更引人入胜，那就不必惜字如金。

This is a headline set *normal,* as designed to be ideally comfortable

这条标题为正常设置，达到了理想的舒适效果。

A headline expanded to the same line length

这是把一条标题拉伸成了同样宽度。

And this is a headline that is too long for that same space, therefore it had to be be condensed so that it becomes almost illegible

这是一条太长放不下的标题，因此经过了压缩，结果几乎无法辨认。

不可以拉伸或挤压字形，塞到一个既定宽度的空间里去。这种粗暴的人为处理破坏了字体的特征，而产品的个性风格恰恰依赖于此。技术上可以做到，并不意味着就应该这么做。

这几行字全都使用 18 点 Oficina Book 字体，第一行字形横向比例为正常，第二行为 154%，第三行为 49%。

英文标题中可笑的换行错误。断句不当会导致歪曲意义。要把字词看作在页面上以视觉方式呈现的语言，而不是一堆纸上的黑色记号。不要把标题字体机械地塞到一个既定的空间里。把标题大声读出来，检查断句换行，确保含义正确。

Her cheek was as soft as a camellia's petal

原标题：她的双颊细嫩如山茶花的花瓣
断句后：她的双颊细嫩如骆驼……

Soviet virgin lands short of goal again

原标题：苏联处女地计划再次失败
断句后：苏联处女……

Unsuitable for Children Under 36 Months Contain Small Parts

原标题：不适合 36 个月以下儿童，含小零件
断句后：不适合 36 岁以下儿童……

People who love people also give blood

原标题：爱他人的人，也会献出鲜血
断句后：会爱的人，人也会献血

Police get stoned by teen-age mobs

原标题：警察被不良少年丢掷石块
断句后：警察吸毒……

最尴尬的错印似乎在标题里出现，难以避免。这一页上所有的例子都是真实的。灾难常有发生。（例如，有一次我参与制作一本建筑杂志，我们居然忘记在封面上放标识了——而且没人注意到！也许封面格式风格太强烈，以至于我们根本不需要标题？）

Whatever happened to THE GREAT AMERCIAN JOB?

What 和 ever 之间漏了空格

Town prepares for for the Big Crunch

for 出现了两遍

Each pronoun should agree with their antecedent.

Verbs has to agree with their subject.

Between you and I, case is important.

A writer must not shift your point of view.

When writing, participles must not be dangled.

In formal writing one shouldn't use contractions.

Do not write run-on sentences you got to punctuate them.

Don't never use no double negatives.

You gotta avoid slang.

No sentence fragments.

One-word sentence? Eliminate.

In letters themes and reports use commas to separate items.

Do not use commas, that are not necessary.

Its important to use apostrophe's in the right places.

Eschew ampersands & abbrevs., etc.

Check to see if you any words out.

Always avoid annoying alliteration.

One should never generalize.

Be careful to never split infinitives.

Never use a preposition to end a sentence with.

And don't start a sentence with a conjunction.

Be more or less specific.

The passive voice is to be avoided.

Kill all bangs—i.e., exclamation points !!!

Parenthetical remarks (however relevant) are (usually) superfluous.

Foreign words and phrases are not apropos.

Use words correctly irregardless of how others use them.

Never use a big word when a diminutive one will suffice.

Shun mixed metaphors, lest they kindle a flood of anger.

There is no excuse for spelling misteaks.

Last but not least, avoid clichés like the plague. They're old hat.

Also, too, never, ever use repetitive redundancies.

Do not use more words than are necessary; that is unnecessary.

译注：以上每一句英文都是故意写错的，中文不能体现具体语法错误，故保留原文，右侧附译文。

蹩脚的英语，糟糕的拼写，错误的语法，粗心的校对，可不是俏皮的洋相，也不是幽默专栏。这些问题会降低杂志的水准，危及它的公信力。优秀的写作不仅通过细致的排版工艺体现，更重要的是展现思维的缜密精确。这对于清晰地传达思想来说十分关键。不幸的是，鉴于产品的复杂性，加之通常都要赶工制作，总会不可避免地在哪儿出现问题。但不能给粗心找理由。被不胜烦扰的错误弄得受不了的读者会如何反应呢？

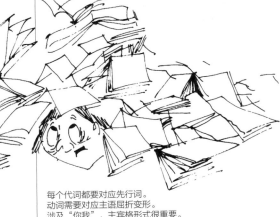

每个代词都要对应先行词。
动词需要对应主语屈折变形。
涉及"你我"，主宾格形式很重要。
作者不能随意变换叙述人称。
分词从句中，分词要和主语对应。
在正式写作中，不应该使用缩略形式。
不要连续不断地写句子，要用标点把它分开。
切忌使用双重否定。
避免使用俚语。
不要使用不完整句。
只有一个单词的句子，要删掉重写。
用逗号区分并列项。
在不必要的地方不要使用逗号，如从句连词 that 前面。
小撇（'）的使用位置要正确。
避开 & 符号、缩略语等。
检查句子是否漏词。
避免这种烦人的押头韵
永远不要下定论。
小心不要把动词不定式拆开。
切忌将介词放在句末。
不要将连词放在句首。
多多少少要讲点具体的内容。
避免被动语态。
消除所有的感叹号！！！
括号注解（不管是否相关）都（通常）是多余的。
外来词和短语不宜使用。
正确使用单词，不管别人怎么误用。
能用小词，就不要用大词。
避免混合使用隐喻，否则会点燃愤怒的洪水。
拼写错误是没有借口可找的。
最后但也是同样重要的，不要用陈词滥调，那都是老生常谈。
还有，同样地，绝对地，切忌使用反复的冗词。
不必要时就不要多写。那是没有必要的。

注意陷阱

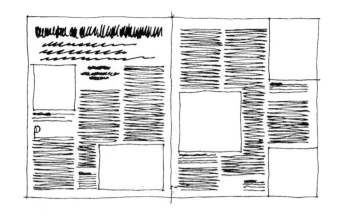

图片塞进文字堆里，把文字"分隔开来"。仔细看下文字栏的形状，有多少缩进、扭来扭去、从文字栏顶端开始段落的情况？文字区域是不是过于零碎，复杂混乱？是鼓励了连贯阅读，还是破坏干扰了阅读，让读者有可能会半途放弃？

 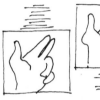 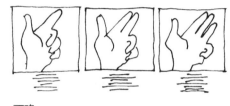

错误　　　　　正确

棋盘式的格局，却毫无功用上的理由（或者只是为了好玩，因为这样"看起来不错"）。任何随意制造的样式都值得怀疑，它们可能会破坏方块**里面**的图片之间重要的，或至少是简单的联系。

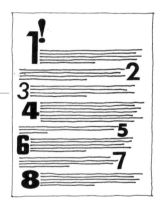

巨大的深色数字，固然吸引眼球。但样式漂亮并不能足以解释它们为何如此重要——但如果文章是关于"……的五种方法"，那么1、2、3、4、5的确值得大声喊叫出来。

用来填补版面空洞的剪贴画。留点空白有什么错呢？

放大的图片，为了铺满空间而拉伸比例失调，或者忽略了与旁边一页图片的大小关系。

搞砸了？放轻松。哪怕再小心翼翼，错误也在所难免。等到下一期时就没人会记得了。

面对事实吧：我们必须向所有人证明，他们**需要**我们的出版物，不管是什么形式的出版物。一旦他们真的认识到了，就会注意到我们——也许吧。想要成功，我们就得从他们的角度看待作品，因为我们知道自己要说什么，这些精彩又实用的内容对我们来说显而易见。想让读者产生**渴望**，内容的价值就要在第一时间跃然眼前。

怎么开始呢？ 人们写明信片的时候，会先写名字和地址，于是注意力便聚焦在了收件人身上。一旦想到这个人的形象，传达信息就变得轻松了。这是我们专业人士必须遵循的方法。

我们需要厘清自己的思路，才能迅速、准确地传达思想。"如果不能写在我的名片上，那你就还没想清楚。"这是杰出的剧作家大卫·贝拉斯科（David Belasco）在一个世纪前说的名言。你的思想必须浅显易懂，让人容易接受、时时回想。

更重要的是，你的思想最好通过生动的形式来体现价值，否则人们不会注意；而且最好加以编辑，把其中"为我所用"的价值放在首位，否则人们可能连开始阅读的兴趣都没有。

其他小伎俩： 我把我讲座中遇到的典型问题按照话题分成了几组，有问必答。我在27个国家举办了1800场研讨会，和各种各样的新闻团体、设计机构都合作过，不管是初出茅庐求知若渴的学生，还是头发花白愤世嫉俗的行业老兵；不管是家大业大的出版社，还是独立运营的刊物；不管是新闻通讯、八卦小报，还是光鲜亮丽的国际杂志；不管是少女读物，还是科技文摘……令人惊异的是，不管说着什么语言，办着什么样的出版物，大家都面对着共同的问题。这些担忧似乎是我们传播行业的流行病。

我怎么才能和编辑更好地沟通？他们不理解我。

 我怎么才能和设计师更好地相处？她总是欺负我。

学会理解他们，甚至嘲笑他们。他们对"艺术"望而生怯，而且都像缩头乌龟那样胆小。他们需要一个保护壳，所以于你而言最棒的新鲜点子，他们会本能地说**"不"**。一件事是否有先例，是他们推脱的完美理由："既然没能证明这个方法有效，为什么要现在做呢？"

要向编辑展示你的方案如何能帮他实现目标。不要把你的方案当作一个"优秀设计"来展现——只有你才觉得设计是至关重要的（你没错，是重要，可是我的天哪，几乎没有编辑能理解的）。

你固然有一双火眼金睛，但也要练就能言善辩的本事，才能向他们解释，以理服人，而不是仅以"美"服人。

让自己变得像作者和编辑一样知识渊博。当"艺术家"是不够的，这对于他们来说意味着眼界有限，缺乏智趣。要多读书，多学习，多成长……

说服管理层让你跟随记者出访。坚持出席编辑例会和规划会议，你在产品的形态上投入相当多的工夫，也要在它的本质内容上同样充分参与。

尽可能地将你的工作空间布置得和作者一样。你不是怪物，所以在言行、穿着、打扮、环境上不必显得古怪离群。这是一个观念和阶层方面的问题。

别再用你墙上怪异的字体作品和令人震惊的先锋艺术来吓唬人了。走在潮流尖端固然是好事——但你要付出很大代价。你没有理由邋邋遢遢，办公室杂乱无章，丢三落四，或是穿奇装异服。

设计师也没有理由可以迟到。一直以来，设计师总是不幸地最后一个拿到材料，被挤在作者的拖稿和截止日期之间。所以你要加倍活跃地出现。

永远不要把排版当成艺术作品来欣赏，不要把它和奖章奖牌一起挂在墙上。实事求是地面对出版物设计的本质：一本接着一本期刊中一连串飞逝的印象中的一个而已。接受这个事实，你所做的设计是临时的，短暂的，转瞬即逝的。然而依旧**至关重要**。

利用午饭时间，与他们培养友情，开展智力交流，饭钱算在你的开支账户里。当设计师晋升到足够高的地位，有了他们自己的开支账户的时候，你的团队就形成了。

要意识到，设计师是你的伙伴，他们对产品的贡献之大，不差于流畅的写作和敏锐的编辑功夫。

想一想文章值得发表的理由（即，对读者来说意义何在），随后向你的设计师**解释**，让他们理解并且参与进来。

永远不要丢给美术部一张字条："这篇很重要，做得生动一点。"要当面解释，他们才能做得出色。要一起讨论，决定哪些内容值得强调，这样设计师才能设法让读者注意到。这有助于设计师使用有价值的素材来创造兴奋点，而不是作肤浅的装饰。

切忌以"我不喜欢"为理由拒掉一个版面设计。这么主观臆断地霸道行事，只会更加激怒别人。训练自己学会解释，为什么这样的版式对这篇文章的效果不好——所以你才不喜欢。只有设计师明白了原因，才能把它修改得更合理。

别再认为视觉是次要的。它们往往是比文字更有效的信息载体。图文是相辅相成的，要结合两者，使一加一等于三。

要意识到，读者第一眼总是去看图片，因此编辑文章的时候总要记得这一点。不要用"美术"的眼光看待图片，而是要评判它们在内容方面的价值，此外才是为出版物整体增加视觉美感。根据客观逻辑做出你的决定，而不是主观的"喜好"——像解释其他理由那样，把道理讲给设计师听。

你可以操控修改图片：毕竟文章是最重要的。但要慷慨地鸣谢摄影师（并且付他们报酬），尤其是你要剪裁、篡改他们的图片的时候。

要明白，字体排印能够反映文章的基调。别只是用眼睛**看**字体：还要**倾听**它的声音。你不能满足于正文字体一栏接着一栏单调乏味地嗡嗡作响，而是要鼓励设计师将稿子转变成模块化的、具有表现力的形式，使它看上去饶有趣味。研究一下其他出版物中的精彩文章为何大获成功，很少是仅仅靠主题取胜的。理解设计／编辑团队是如何通过巧妙融合内容与形式，将你深深吸引住的。

接受这样的事实，设计师总是缺乏你所拥有的专业知识（也可能缺乏兴趣），而引导他们认识到其中的奥妙与深意，就是你的事了。别让他们猜来猜去，直接告诉他们。

我是一名编辑，我害怕"设计"，怎么办？

 为什么要重新设计，怎么做，什么时候做，谁来做？

在上初中时，老师教你把标题居中，空两行，把名字写在中间，空十行，把学校名字写在中间，空一行把地址写在中间，再空一行把日期写在中间，按照这个来评判你的**对错**。这种视觉正确性的观念嵌入了你的潜意识中，像拼写单词、区分段落、不拆分动词不定式、列举参考书目、注明交叉引用等习惯一样根深蒂固。随后你放弃了"美术"课，因为你连线都画不直。于是你现在对艺术一无所知，只知道自己的喜好。忘了你的喜好吧。

设计是编辑过程中不可分割的部分。如果你能够自信地编辑，你也就能自信地设计。当然，一本刊物的美观很重要，但更重要的是它是否有意义。

以印刷为媒介的传播是一对一的对话，只不过你以书写取代讲述，读者以阅读取代倾听。因此，字体不是抽象的艺术形式，而是视觉化的语言。专心于思想，思考你会用何种声音讲述——这样字体排印的表现方式就随之而来。睁大眼睛仔细"倾听"。

图片是相当重要的，它们是引起情绪和好奇心的另一种平行语言。恰当的图片能抓住读者的注意力，用最重要的图片注释将读者拉进来阅读正文。

色彩最大的价值在于它不是黑色的，它与众不同，因此应该留给你需要强调、分类、区分、加以组织的元素。色彩也很漂亮，但主要的益处还是清晰地梳理信息。

媒介非信息，信息本身才是信息。专注于内容，形式就会水到渠成。忘掉设计之美，看到设计之用。

设计的艺术与编辑的艺术并无两样：都是控制元素之间的关系，强调部分元素，弱化另一部分。两者采用的是相同的思路。

每项举措都有代价，为了达成某一目的就要牺牲另一个目标。权衡利弊之比，根据它们在编辑效用上的损益来做决定。

没人知道你本来打算做什么，所以也不会知道你犯了什么大错。学会原谅自己。下一期正等着你呢。

不要为了"创意"而生硬地求新求异。有价值的原创设计不会受限于由眼前需求和手头素材所决定的特殊情形。

重新设计不是为了炫耀你有多聪明多时髦……不是为了解决视觉个性以外的问题……不是因为你对产品产生了厌倦。

只有这些时候你才需要重新设计：有了新的编辑策略，或是新的出版技术……或是竞争愈加激烈，迫使你反观自身……抑或是你怀疑自己的字体排印风格开始显得有点老派了……又或是你需要注入新的能量……或是销售人员正极力赢取广告代理商的关注……再或是你正在努力迎合新一批订阅者。

不要试图包揽一切。哪怕是专业外科医生也取不出自己的阑尾。去咨询专业人士吧，这笔投入是有回报的，他会提供新的方法，因为他对你先前不采取这些方法的顾虑一无所知。

专业顾问能够提供专职的服务，开发出积极的方法，将页面上的内容快速有效地投射到读者脑中。这项职能与艺术创作只能打个擦边球。

将编辑、出版商的意图尽可能详细地解释给他们听，并且说明理由，这样他们才能解决深层的需求，而不是给产品做些好看的装饰。他们应当对**你的**杂志在编辑层面的目标表现出真诚的兴趣。

他们不可以借助你的产品为自己建功立勋，而是应当让产品本身成为一项功绩。

帮你改版的设计师，应该能自豪地展示作品集中的整体效果，而不是仅仅几个单页跨页。你需要的人选，是能以流畅的整体为设计导向，而非一次性的效果（对广告设计来说没问题，但做杂志不行）。

他们应该把所有问题完整地呈递给你，同时解释如何通过他们的设计框架帮助你完成编辑目的。没错！这就是秘诀。

聘用那些擅长用文字交流的设计师，他们可能会与作者更有共鸣，而不会觉得文字是乏味无趣的东西。他们不会拘泥于装饰页面。此外，他们必须说服整个团队理解新的设计构思，满怀热情地认可使用它。这要求他们有语言技巧。

我们如何建立独特的风格？

假如你不登广告，不受广告标准尺寸的限制，并且能够应付开支的话，不妨改变一下刊物尺寸：$8^1/_2 \times 11$ 英寸（21.59×27.94 厘米）的尺寸很平庸，但最为经济。把它变长一点，比如 A4（21×29.7 厘米），或者加宽到 9×12 英寸（22.86×30.48 厘米）。开本越大，价格越贵，价值就有可能受到质疑。6×9 英寸（15.24×22.86 厘米）能够有效利用纸张。$5^3/_8 \times 7^1/_2$ 英寸（13.65×19.5 厘米）正好能放进口袋，适合文字量大的读物。

小报尺寸有点难以处理：既不够小又不够大。大小尺寸的优点它都没有，唯有一个好处就是可以在页面周围再容纳一圈文字内容。

如果把页面撕下来单独贴在墙上，你是否能辨别出它属于哪本杂志？

数一数，所有醒目的文字上用了几种字体。难怪你的杂志看上去像是花花绿绿的化装舞会。最理想的字体数量就是：一种。

刊头标识和版面标题是有内在连接的同一套标记，必须始终呼应。它们是产品的平面特征中不可分割的部分，应该同标题字体的风格保持和谐一致。

在封面上给刊名一块干净的展示区域，周围不需要冗杂的视觉元素。实在不能去除的内容，可以缩小，反衬出刊名的醒目。

刊名和其他封面文字之间要分隔开来，留有充足的空间。

非文字的元素总是人们首先查看的内容，因此是创造连续印象的视觉风格的主要部分。要给所有的图示、图表、表格等元素建立一致的样式，并始终遵循这套样式。

给所有重复性元素都设计一套固定样式，保持一致性。比如标记元素（刊名／目录／版面标题）、正文字体、醒目文字的字体、方框标题字体、署名行的处理、作者简介的处理、照片作者信息的处理等等。

建立一套包含两个层级的色彩标准，即前景色板（用于吸引注意力的显要元素）和中性背景色板（用于方框、浅色区域、搭配彩色照片等）。不要脱离这套标准。

我们如何树立权威性？

了解目标群体的需求。给他们指明写作和排版的方向——这是吸引观众的最佳技巧。写作再精简都不为过，读者都是匆匆忙忙的，要尊重他们贫瘠的时间。犹疑不决的时候，就要大胆删掉。

被服务的感觉是最容易吸引人的。给重要的文章打上标签，注明话题名称，给标题增设一个辅题，详细说明为何读者应该会对此感兴趣。或者把第一行字设成大一点的字体，用彩色显示——采用一切能够有力展示信息的相关性和实用性的手段。

直接与读者对话：使用恰当的语言和语调。在醒目的文字中使用"你"或者暗示相同的意思。

不要过度地放大图像（也许是这期刊物里少有的一张特别光鲜的图片），制造一种过度期待，接着却只有一篇微不足道的小文章。过度营销就像喊"狼来了"一样，只会让人失望和愤怒。

你得刊登一些"10个最佳的……"或者"50个最差的……"之类的列表。

自己开设一个"年度某某奖"或者"某某名人榜"，公开宣传。

调查数据，发布比较结果。比如谁的薪水有多少？

给重要人物写专稿，放上他们的巨幅肖像——或者是辛辣的漫画肖像就更好了。

开展调查，收集人们的观点，组织圆桌会议专栏，制造争论话题。

让读者看到幕后故事，告诉他们你是在什么时候、什么地点、怎样得到你所讲的故事的，告诉他们为什么这些信息很有意义。

和读者建立联系，发展出个人化的关系——让他们意识到每一期刊物都是与特定读者的一对一交谈。介绍自己时不要只有一句"主编：张三"，而是让信息量更丰富一些——给他们一个理由来了解你，并且信任你这位专业人士。

把撰稿人和编辑的证件照头像换成充满生活气息的工作照、街拍照，彰显个性风采。

用页边的手写评语、即时贴上的备注、记事本上写的不同意见、解释性的脚注、评注等，为编辑塑造活生生的个人形象。

我们怎样才能与众不同？

我们如何才能受到关注？

让你的服务在个性化和品质方面脱颖而出。不要想当然地认为别人会注意到这些，而是要大力展示，广而告之。

把主要内容列在书脊上。

在封面上、文章里给内容标上序号，表现出你的杂志内容有多么丰富。数字要大。

短小的篇章往往比长文更受欢迎，把它们放在最醒目的地方：外侧。这样最容易让人开始阅读。

根据内容目录，迅速整理出一个执行纲要。

充分发挥读者参与的作用。在新品发布栏目里的每一项后面都放上勾选框，鼓励读者在服务卡上选择他们想收到的样品。

绘制解释性的表格，展示在复杂的图片中需要注意哪些信息。

在平面图上画出方向箭头，指示图片拍摄的地点和面朝的方向。

做一张年度索引，哪怕整理汇集是十分痛苦的事，哪怕会占用宝贵的空间。这是一种投资，能够延长刊物在架上的寿命，同时暗示出产品具有强大的功用性。

突出别处绝无、此处独有的数据资源，比如：
文中提及的人物和公司的邮件地址；
你自己接收详情征询的邮件地址；
编辑团队的照片和邮件地址；
广告商列表；
广告代理机构列表；
首次出现的人物姓名列表；
首次出现的公司名称列表；
话题索引，如健康杂志中提及的疾病种类；
书单；
以及任何有用的索引清单。

好奇心理的原理：人们喜欢循着目录购物，一旦他们感觉会得到奖赏，就会耗费精力在上面，所以要承诺和实现你的回馈，否则你知道的。要突出你产品的益处和积极属性。

一定要满足读者的利己心理。清楚地劝说他们"为什么"，示范他们"怎么做"，会让他们更想要你的产品。这就是"引导"技巧，而非"驱使"。

标题要足够长，能说清对读者的益处。《奶牛下蛋》= 新闻。《奶牛下金蛋》= 新闻 + 致富机会。《下金蛋的奶牛待价而沽》= 千载难逢的机遇。

通过编辑和设计，让文章在两个层面都发挥作用：2.5秒钟的迅速纵览和 5 分钟的仔细审读。

视觉外观有助于指出在浏览时应注意哪些关键内容，这要通过字体、图像、线框、注释、空间、色彩、页面组织、大小比例等手法的结合来实现。

标示清楚的文章入口，从一个元素到另一个元素的流畅过渡——即"版式"——以及部分用粗体突出、会被首先阅读的信息，都是通过字体排印的处理实现的。

图片会打开读者的思路，让人期待更多的信息。把标题放在图片下面，就像图片注释一样，制造连续出击的效果。

图片必须有所寓意，而不仅仅是展示人和物的外表。图片编辑工作就是寻找蕴含深层含义的图像。

利用目录，让随意翻阅的读者充分停留。它是销售的工具，所以要做得尽量醒目。它是用来说服人的，因此要显得充满自信。效果要令人着迷，而不是让人迷惑，按照顺序或话题组织内容，而不是按照特稿和版面来排序（这些分类只对我们自己有意义）。

看，文字栏底部没对齐，不也没什么要紧，不是吗？

我们怎么让产品有冲击力、生动有趣？

"制造第一印象，只有一次机会。"字体排印设计巨匠亚伦·伯恩斯（Aaron Burns）这样说道。做规划时，要以即刻理解为目标。读者只会停留 2.5 秒钟，然后就会翻页，除非**你现在**就捕获了他们的注意力。

把题图和标题结合，达到连续出击的效果。图文在含义上和位置上应该紧密相连。标题的最佳位置是在题图下方。

编辑图片的同时，也要编辑图片说明，把它们整合成统一一致的信息。这和"用图片把文字拆分开来"是相反的做法，尽管会导致图文风格相似，但在这里能够完善图文的逻辑。

所有粗体的文字都要按照独立标题的写法来遣词造句。这样会迫使你决定文字的价值所在，也就是读者在浏览时能迅速接收到的信息。把粗体字当成引起兴趣的诱饵来编辑。

在跨页上的文章，一开始要把大图放在左页。如果从右页开始，文章就会被弱化，因为无论左页是什么文章都会与它争抢注意力。

把标题放在页面的上端，因为人们会去那里找标题。如果要把标题默默无闻地放在页面底端，就把它放大，保证读者能注意到。

避免过长的文字栏，因为看上去令人生畏。将字拆分成几个较短的分栏，相互并列，让人感到阅读起来不会太艰难。

版面设计应当反映内容，不能削足适履。

充分利用对比反差：

尺寸：大／小，重要／次要。

肌理：光滑／粗糙，疏松／紧密。

形状：横／纵，框定／开放。

平衡：对称／不对称。

数量：单一／群组，满／空。

位置：高／低，左／右。

篇幅：大／小。

字重：浓／淡，粗／细。

色值：深／浅，彩色／黑白。

界线：分隔／整合。

图片为文章和页面增加了戏剧性，图表和表格则增加了趣味性和知识性。在描述数据事实时，一定要从人们熟悉的角度开始。说一头恐龙有 5 米高，并不能体现它的庞大，但将它和人类的图片并列比较，就十分吓人了。

怎么才能提高效率？

每个人都会先迅速浏览文字，判断从中得到的知识是否值得投入精力。对我来说足够有趣吗？

浏览的行为是纵向的，速度极快且难以捉摸——因此需要突出重点元素。阅读的行为是横向的，速度缓慢而稳定——因此需要整齐、流畅、平稳的节奏。编辑和设计需要同时满足两种需求。

在辅题中不要重复大标题中说过的内容。在正文中不要重复标题中说过的内容，不要重复引语的内容。切忌重复。

将适合慢速阅读的大段文字重新整理成适合快速浏览的列表。

将列表做成类似图片清单的形式，通过几何结构、对齐设置、更换字体等方式与普通文字加以区分。

给每个列表撰写介绍性的标题。在标题和内容之间、各个列表项之间增加空隙。

将项目符号或序号居左对齐，其他部分则缩进对齐，让列表内容看上去像整齐排列的图片清单。

将数据转换成表格、图表等视觉形式。

认真撰写图片注释，这样能包含有趣的内容。使用较大的字体：因为内容很重要。

在标题文字上使用粗黑的字体，让它凸显出来，认真撰写文字，言之有物。

挑选字体时，注意要创造出粗黑的强调文字和周围浅灰的正文之间的反差。

在标题上采用小写字母，追求最快的阅读速度，同时也让首字母大写的专有名词更加显眼。只在有限的少数单词上使用小型大写字母。绝对不要在任何地方采用逐个单词首字母大写的上上下下的样式。

为了最快速、最便捷地浏览，可以在页面左侧留出宽阔的边距，让标题向左探出。

拍摄照片时要捕捉特写（或者严格地剪裁提供的图片），就像编辑语言信息一样：要突出重点。

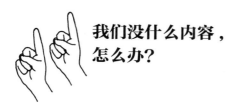

我们没什么内容，怎么办？

最大限度地利用你拥有的内容。用更少的投入实现更大的影响力：把控你一贯坚持的事，不要追求无法企及的目标。

判断什么是"为我所用"的价值，加以突出，让人第一眼就能注意到。

强化文章：让它更引人注目，让读者意识到他们所读的内容值得花费时间。这不是靠五颜六色和各种特效，而是靠样式的格局、风格的反复、颜色的一致性。只要不断重复视觉风格，少即是多。

多花一点空间，让标题上方的边距再深一点（"深潜式"标题），从而让空间下方的元素显出不凡的地位。

摒弃花里胡哨的装饰，否则只会喧宾夺主。沉浸在自己的小聪明里（与文章的主旨往往相去甚远）孤芳自赏，是非常危险的幻梦。

用数字来表示事物。数字是具有魔力的：24 种什么什么东西，10 个最好的什么什么东西。

别想着美化版面，而是从版面中获取更大的冲击力。要让排版富有意义，清楚明晰，从而提供快速、顺畅、易读的服务。一定要快速，才能在 2.5 秒的纵览中将精华要旨传达出去，告诉读者为何值得阅读。

尽可能清晰地将信息整理成表格式版面。在横向的版面上安排并列的菜单较为容易，浏览起来也更方便。通过距离、重叠、镶嵌、对齐等方式将元素联系起来。

将页面拆分成包含独立信息单元的方块区域，这样一来，每篇文字都会显得特别。以区块的方式构建页面，而不是以分栏为单位从上到下按部就班地排列。

缩进和缩出解释了信息的层级关系，因此要积极利用文字栏左侧的边缘。

不同粗细的直线能让页面更生动、更有序，得来也不费工夫。

别怕在元素的末尾留下空白，也不要为了填补空白而拓展文字、插入剪贴画。就让它空着，不要太拥挤。

剪贴画只有在能丰富产品的整体形象，并且为文章增添含义的情况下才能使用。不要过度装饰，读者要的不是糖果盒。

挑选购买一款气质略有不同的字体，作为你的专属字体。如果你坚持使用 Helvetica 或者 Times 字体，就得在别的方面绞尽脑汁才能呈现出特殊的视觉个性。

怎么才能花费少，收效好？

把更多内容压缩到更小的空间中：集中文字区域，将多余的空间挤压出去，补充到标题位置，而将标题设置得更大更粗，字数更多，从而能表达令人难以抗拒的内容。

让刊物看上去容纳海量丰富的信息，但不显得臃肿吓人。少许的留白会格外珍贵。

两栏文字并排，看上去不会像整页单栏文字那样可怕。

用充足的空间来围合、分隔各个单位，这样每一块区域看上去都十分独特而富有价值。

挑选煽动性的引语来激起读者的关注。这一招也无需额外花费。

以小见大，把细小的内容聚拢到一个统领性的标题下，这样看上去像是特别定制的内容。

在统领性的标题下，将大块内容拆分成小单位。

用较大的字体强调方框中的内容（通常做法是将字体缩小），给方框加上阴影，让它从背景中凸显出来。

用不太正式的、文字右侧参差不齐的窄栏，与大幅面两端对齐的宽栏的正式感构成对比。

将引语和图片注释文字设置为左齐右不齐，与文字栏形成的几何规整感形成反差。

把字体排印元素（如巨大的字母、描述性的文字）作为插图，增强页面的活力和视觉多样性，甚至深化含义。

不要为了丰富期刊内容而在每一期都将设计改头换面。坚持使用一种风格，才能强化你的形象。随后，当你想要脱离旧形象时，这种反差才能带来更多的惊喜。

 ## 我们如何鼓励人们阅读？

印刷品的长处在于：翻阅书页的动作能让人立刻知道读到了哪里；位置、版面、标记等元素说明了内容的性质，读完可能需要多长时间。（而在屏幕上，如果不往下滚动则难以判断，十分讨厌。）

读者开始阅读时脑中有一个目标：这值得花精力吗——我真的那么有兴趣吗？如果他们觉得读够了，就会停止阅读，我们无能为力。

使用标准的传统字体，哪怕看上去有些老套。因为这些字体看上去久经考验，舒适易读。

为了提高文字的接受度，可以使用较大的字号、较短的行长、较疏松的行间距，以及左齐右不齐的设置，保持空间的节律。

避免反白印刷（黑底或彩色背景上印刷白字），这样会损失40%的阅读率。如果在所难免，就把文字加大加粗，把每行进一步缩短，增加行间距，尽量精简文字。

读者的目的各不相同：或了解详情，或稍加研究，或浏览，或搜索，或快速略读，或细细审读，或偶尔翻看寻求帮助。

判断文章的目的是为了博人眼球、揭示真相、记录信息、支持观点，还是配合解释……每一种目的都应当有其专属的样式。

大部分读者希望内容被分解成小块的信息和流程，让他们容易接受消化。

不要用怪异的装饰扰乱视听，要谨慎地引导读者的视线；文字栏上沿需要对齐，避免在上面随意插入图片而打断连续的文字。

不要在标题和文字之间设置障碍，由题到文应该畅通无阻。

在相同元素之间保持一致的间距。

不要仅仅为了装饰而放大文字或者运用色彩，而是要讲逻辑和策略，为了强调有意义的文字才如此为之。

不要把文字斜放、压缩，玩弄阴影和各种特效，要保持简洁。

 ## 我们如何引导读者？

如果看不到自己要找的内容，读者会很恼火。所以永远要把封面上的引导文字原封不动地在目录里、文章页的标题里重复一遍。

让他们保持阅读，不要给他们停下的机会：在句子写到一半时换页；打断文字栏中的段落，插进一段引语；标题的第二行要比第一行短，引导目光转移到正文中。

确保副标题言之有物（前情预告一般会被忽略跳过）。

为醒目文字设计的特殊字体，不要用在正文里。当然，除非你想把读者都赶走。

告诉他们你要告诉他们的，告诉他们，把告诉过他们的再告诉他们一遍。在文章第一页插入辅助的小目录，列出一串相关文章。某某内容见第几页……

暗示读者从哪里开始阅读一页或者一个跨页。用一张主导性的图片、有趣的标题内涵、一张令人震惊的图像，或者任何与"为我所用"有关的元素，使阅读的起始点明确而引人入胜。

帮助他们了解文章所在的位置：建立清晰易辨、符合逻辑的"下接某页"和"上接某页"的提示，并且将用法标准化。

把页码的字号设置得足够大，便于注意，在各种地方都尽量放上一些页码索引。

建立一套标准化的指引系统，放在符合读者预期的地方，为他们导航。

给每篇文章加上开头和末尾的"小装置"。也许在开头用下沉大写首字母，在末尾添加个性化的图标或迷你标识。

我们如何吸引
孩子们?

忘掉既定的规则,反其道而行之。年轻人们想要颠覆所有约定俗成的东西,因此无论你打算做什么,都要质疑这是否在人意料之中,要另辟蹊径大胆探索。

把所有内容分解成容易消化的小块儿:孩子们注意力集中时间短,习惯快速直接的信息。以整个单页为单位,对他们来说太大了。

充分运用色彩手段:在本以为会用彩色的地方采用黑白两色,在一般使用黑白的地方反而用色彩。不管在哪里,都尽量使用非自然的色彩。

在字体上玩出花样,哪怕你知道字体的目的是用来阅读。让字体参差不齐,不要两端对齐,右对齐也是可以的。平放的字体改成斜放,整齐的字体变成弯曲的,小字改成大字,或者正常的字号缩到极小。

用夸张的大尺寸元素与微小的小尺寸元素形成反差:不只要大,而是要庞大,用长焦拍摄巨大的特写。

把标题字改造一番:把字母沿着顶端而不是底端对齐,让字母蹦蹦跳跳,相互交叠,大小不一。或者让图形与文字交织组成字谜似的样式。

我们怎么对付广告?
它们太丑了。

要感恩,广告给了你收入。广告越丑,越能反衬出刊物内容之美。把广告都塞到最后面,除非他们买的是优先位置。别担心,对广告你也不能做什么,而做好你能控制的事情——让刊物内容尽善尽美——已经够伤脑筋的了。

忽略那些华丽的大幅广告,不要尝试和它们争奇斗艳。反之,要高兴地看到它们给刊物平添了魅力(以及收入)。而吸引和保留读者依然要靠有趣的内在。

把刊物前几页的右页给广告商,欣然把左页留给自己。左页对我们更有好处,因为左侧书口是放置开头标题的最佳位置,当所有后续页面都组织有序时,尤其如此。

绝不让单页广告出现在文章开头所在的第一个跨页上,这样会削弱一半的冲击力。要坚持把它放到第二个跨页上去。

也不要和小幅的广告相持不下,毕竟是付了钱的。你不能喊得比它们响,所以干脆静悄悄的,用平静的排印风格和稳重的色彩制造出一种反差。要避免在散落的文字栏中插入图片,因为它们会和广告混在一起,让编辑内容和广告内容都受到损害。

让读者对分类广告也产生兴趣:在广告中插入一些包含有趣信息的小段落,比如一笔小投资让一块荒地变废为宝的故事。在页脚的边距中增加几则短小而吸引人的背景信息。

利用刊物前几页的节奏。在广告页之间的剩余空间,不管是整页还是小区域,都是小幅面,因此要故意把短小的素材放进去,这样就能和后面大幅面的特稿文章形成反差。

色彩是一个非常复杂的技术话题，但本书的目的是探讨如何运用色彩，而不是谈论深奥的技术细节。然而有些词汇和概念不得不提。此处不按字母顺序，而是按含义逻辑排列这些词汇。

纯度 (Chroma)： 色彩纯净、光鲜、浓厚、饱满的程度。

光亮度 (Luminance)： 色彩在屏幕上的明暗程度，由多种亮度混合而成。

饱和度 (Saturation)： 色彩的纯净度和鲜艳程度。

灰度 (Shade)： 通过向原色添加黑色颜料而制造出的颜色（"中性化"）。

淡色 (Tint)： 通过向原色添加白色颜料而制造出的颜色（"粉彩色"）。

色值 (Value)： 纸张印刷颜色的明暗程度，范围从最白到最黑。

色调 (Hue)： 因光的某种波长而产生的色彩特征，由色彩名称区分，如"红色""蓝色"。

有色 (Chromatic)： 除了黑白灰以外的颜色。

单色 (Monochromatic)： 色调相同、具有不同色值和纯度的颜色。

无彩单色 (Nonchromatic)： 中性色调黑白灰。

多色 (Polychromatic)： 使用多种色调。

冷色与暖色 (Cool and warm colors)： 这是不甚严密的概括讲法，因为每一种色彩效果都是不同色彩之间关系比例造成的结果。冷色起到抑制作用：色调来自蓝、绿、紫系，而浅黄色和浅粉色也不例外。暖色起到刺激作用：色调来自红、黄、橙色系，但鲜艳的绿色和紫色的作用也一样。

明色与暗色(Bright and somber colors)： 明色的纯度较高，闪亮而欢欣；对比之下，暗色比较阴沉，可能混合了黑色（somber在西班牙语中有阴影的意思）。

增色法 (Additive color)： 在屏幕上，红色、绿色、蓝色 (RGB) 的原色在屏幕上叠加之后形成白色的光。

减色法 (Substractive color)： 在四色印刷中，采用黄色、洋红色、青色三种彩色油墨，通过吸收叠加原色的白度（也就是减色）来创造新的颜色。

四色 (Process color)： 减色法中的三种原色，加上黑色，即成为四色印刷 (CMYK)。四色黄反射红光和绿光，吸收蓝光。青色（四色蓝）反射蓝光和绿光，吸收红光。洋红色（四色红）反射蓝光和红光，吸收绿光。

分色 (Color separations)： 一张彩色原稿转换成四张半调的分色稿：减色法三原色（黄色、洋红、青色）以及黑色。它们一层层叠加印刷，制造出全色的错觉。

色轮 (Color wheel)： 将色彩呈表盘状排列，最初就是将艾塞克·牛顿爵士的彩虹光谱色进行环状排列而做成的。红色在 12 点钟位置，蓝色在 4 点钟位置，黄色在 8 点钟位置。红蓝之间有紫红色、紫色、靛色。蓝黄之间有蓝绿色、绿色、黄绿色。黄红之间有橙黄色、橙色、橙红色。

互补色(Complementary colors)： 色轮上中心对称的两个位置上的颜色。

二次色 (Secondary color)： 两种原色混合得出的颜色。

三次色 (Tertiary color)： 一种原色与其相邻二次色再次混合得出的颜色。

加网调色 (Tint builds)： 用四色印刷的不同原色的网版叠印，调配出想要实现的色调（对比"专色"）。

等效异谱色偏移现象 (Metameric color shift)： 在光照条件变化时，色调在视觉效果上的改变。

龟纹 (Moiré pattern)： 由于叠印网版的角度错误而导致印出星状或其他形状的条纹。

渐变色(Color ramp/gradient fill/graduated tint/fountain)： 通过一系列分开操作的步骤创造出的由一种颜色向另一种颜色逐步转换的错觉。

专色(Spot color)： 一块纯色区域，增加黑色以形成其他颜色。通常专色是一种专门调制的油墨，而非四色油墨的组合（见"加网调色"）。

色调分离/海报化(Posterization)： 通过机械加工，将连续色调图像（比如照片）转换成许多纯色区域的拼接。

字母数字 (Alphanumeric)： 拉丁字母与数字的混合文本。

符号 "&" (Ampersand)： 源于拉丁语中 e 和 t 的合字，意为 "和"。其名称可能来自于教孩子记诵字母表的顺口溜里的最后一句：And per se and（和 "和" 本身）。

变形伸缩 (Anamorphic scaling)： 在单一方向上改变图片大小，导致挤压或拉伸图片。

升部 (Ascender)： 小写字母 b、d、f、h、k、l、t 的字身（即小写 x 高度部分）上方延伸出的部分，与降部 (descender) 相对。

尾页 (Back matter)： 一本出版物主要内容结束后的页面，常用于放置索引、附录、术语表等信息。

出血 (Bleed)： 满页印刷的视觉元素，一般是图片或加网印刷的部分。书本裁切时会切掉一小条边，于是就 "出血" 了。

批量处理 (Batch processing)： 把相似的任务暂时搁置，归纳到一起统一处理。

区块 (Block)： 作为一整个单位来处理的一堆文字。

吹入式插页 (Blow-in insert)： 见 Insert。

放大 (Blow up)： 放大。

推介 (Blurb)： 用于推广的任何形式的文本，一般出现在书籍封底或封套折页中。在期刊里，它可以同文章并行，就像一段辅题 (deck)，唯一区别就是辅题并不那么大张旗鼓地自我推销。

字身（高）(Body)： 没有升部和降部的小写字母 a、c、e、m、n、o、r、s、u、v、w、x、z 的高度。

正文稿 (Body copy)： 文章的正文部分。

正文字体 (Body type)： 正文使用的字体，与标题字体相区别。

正文容量 (Bodyline capacity)： 每一页文字的行数。

粗体 (Boldface)： 比常规字体更深的版本，笔画更粗厚。

项目符号 (Bullet)： 小黑点 ●（往往被盲目滥用）。

引线标注 (Callout)： 在插图外放置的注释，由一条线或箭头指向其说明的部分。

Caps： 缩写，即 capitals。（见 Uppercase letters）

图注、图释、图片标题 (Caption)： 与视觉元素配合出现的文本，也称 cutline 或 legend。

前页提示 (Carry-over-line)： 放在跨页左上角的文字，提示前一页的内容。（见 Running head）

字符集 (Character set)： 一套字体中所有字符的合集：字母、数字、符号、标点、特殊的花饰字母等等。

色彩 (Color)： 见第 246 页关于色彩的用语。

窄体字 (Condensed type)： 比常规字体略窄、更紧凑的版本。好的窄体字经过了专门设计，差的则是通过在电脑中强行变换比例而做出的伪窄体。

下接页提示 (Continued line)： 通常放在书页右下角，提示读者文章其余部分可以在哪里找到。只有当其余部分不在下一页，"跳" 到了其他页上时，才会用到这一提示。

底稿 (Copy)： 手稿中的文字、所有待印刷的素材。

裁切 (Cropping)： 将插图的边缘剪裁掉，使其符合一定尺寸，或是让注意力集中到画面重点部分。

横线 (Dash)：长横线 (Em-dash, —) 较长，基本用于表示思路的中断。**短横线 (En-dash, –)** 长度约为长横线的一半（不同字体中的比例会有微差），主要用来表示 "至……" 的意思，比如 A–Z（见 Em 和 En）。**连字符 (Hyphen, -)** 是三种横线中最短的，用于连接复合词，或者表示行末的单词中断换行。

辅题 (Deck)： 放在大标题之后、正文之前的文字，起到拓展解释主题的作用。（见 Blurb）

专版题头 (Department slug)： 在热金属排印的年代，金属嵌条 (slug) 是一块提前浇铸好的文字或符号，随时可以直接插入排版中，一本出版物中不同的专版 (department) 名称就能出现在页面的固定位置上。

降部 (Descender)： 小写字母 g、j、p、q、y 的字身（即小写 x 高度部分）下方延伸出的部分，与升部 (ascender) 相对。

杂锦字体 (Dingbats)： 指印刷中使用的花饰、装饰性符号（区别于标点符号），例如 ✱ ☛ ◯ ❧ ☙。

醒目字体、标题字体 (Display type)： 用于标题、辅题、引语、小标题、图片注释以及其他起到吸引注意作用的文字的字体。与正文用的字体 (body type) 区分。

跨页版 (Double-truck)： 对页上占据左右两页位置的版面内容。往往指中心对页上的版面，不同于

一般的左右对页 (spread)。

小写风格（标题）(Downstyle)： 标题和醒目文字基本全用小写字母，只在句首单词首字、专有名词首字和缩略词上使用大写字母。有时也称普通句大小写风格 (Sentence style)。（见 Up-and-Downstyle）

反白文字 (Dropout)： 黑底白字，或深色背景上的浅色文字，也称 reverse。

西式省略号 (Ellipsis)： 三个点（...）表示词语和...词语之间略去的部分。（另见 Leaders）

字号全身长 (Em)： 排版度量单位，边长相当于字号全身长的方块。如 12 点的字体中，一个 Em 是高 12 点、宽 12 点的方块。

字号半身长 (En)： 排版度量单位：宽度相当于 Em 的一半。如 12 点的字体中，一个 En 是高 12 点、宽 6 点的长方块。

感叹号 (Exclamation point)： 新闻业行话称 Bang! 最初源于手抄本中拉丁语 IO（表示惊喜），为了挤压空间而将 O 缩小成一个圆点，写在 I 下方。

宽体字 (Expanded type)： 比常规字体更宽、更扁的版本。好的宽体字经过了专门设计，差的则是通过在电脑中强行变换比例而做出的伪宽体。

数字［Figures (Numerals)］：等高数字 (Lining) 没有升部和降部，与一套字体中的大写字母对齐，如 169；也称现代风格数字。**老式风格数字 (Oldstyle)** 则与小写字母 x 高度对齐，并有升部和降部，如 169。编辑注：此处 169 为示例格式，第一处设置为等高数字，第二处设置为老式风格数字，需注意选用能支持两种格式的字体。

Flag： 见 Logo。

左齐右不齐/右齐左不齐(Flush-left / flush-right)： 文本沿着文字栏左侧或右侧对齐，另外一侧保持自然的参差不齐状态。可写作 f/l, f/r。也称 **ranged left/ranged right，即靠左排列/靠右排列。**

Folio： 页码。

字体 (Font)： 铅字时代指一款字形 (typeface) 中某一特定字号的全套铅字产品，包含大小写字母等。数字时代没有字号这一限制。

页脚行 (Footline)：（文档中的页脚称 Footer）刊名、日期等信息，通常和页码放在一起。

印版 (Form)： 4 页、8 页、16 页或者 32 页组合在一面上同时印刷的大版面。经过折叠和裁切后成为**书帖 (signature)**。书帖按照顺序组合在一起准备装订成出版物，称为**配页 (gathered)**。

格式 (Format)： 赋予产品个性的各类元素的组合：尺寸、形状、颜色、边距、字体、装帧、标题文字设计等。也称样式 (styling)。

前页 (Front matter)： 一本书主要文字部分之前的书页，印有标题、目录、序言、前言等。（前言是 Foreword，而不是 forward！）

中缝 (Gutter)： 两张对页中间的地方。将素材从中缝的一边延伸到另一边，就是**跨中缝 (jumping the gutter)**。另外 gutter 也指相邻两栏文字的栏间距。

半调 (Halftone)： 将连续色调的原稿（如图片）转换成细小的圆点点阵，在印刷中复现。通过圆点大小的变化模拟出原稿中的深浅明暗。（见 Screen）

悬挂标点 (Hanging punctuation)： 排印中的精细调整方法，将标点符号置于文字栏左边界或右边界之外，让字符本身形成精确齐平的边缘。

缩进 (Indent)： 通常是文字区域左侧凹进去的部分，但也有可能从右侧或两侧缩进。**段首缩进 (paragraph indent)** 出现在每一段落的第一行（但首段不应当缩进）。**悬挂缩进 (hanging indent)** 则缩进除了第一行之外的所有行，用于左对齐的情况。环绕缩进 (runaround indent) 则是在相邻的插图边缘留出一段平行的窄边。

信息图 (Infographic)： 将报告内容转化成图文并茂的形式。

信息单元 (Information unit)： 文字与视觉素材结合成一篇独立的故事，拥有单独的标题，是一整篇长文章的一部分。

插页 (Insert)： 在不同材质上印刷的内容，和出版物装订在一起。明信片之类的松散材料被称作**"吹入式"插页 (blow-in inserts)**，形象地说明了其在流水线上的装配方式。

问叹号 (Interrobang)： 这一标点符号在一般字体中很少见，但应该加进去，它可以用在表示"什么？别开玩笑！"这样的情境中，结合了感叹号所表达的惊叹情绪和问号起到的疑问功能。

意大利（斜）体 (Italics)： 原本是模仿手写样式而设计的字体，一般向右倾斜。大多数正文字体都有罗马

体（正体）和意大利体（斜体）两套设计。斜体文字通常显得纤细而色浅。（另见 Oblique）

两端对齐 (Justify)： 将一栏文字左右边缘对齐，追求传统美学中的整洁感。若每行单词数量在 8 个以下（约 40 个字符），则不要采用两端对齐法，避免强制对齐、单词间距分得太开，甚至字母间距被迫拉开的情况，破坏流畅而有节律的阅读体验。

点引线 (Leaders)： 连续的圆点，指引目光从左向右阅读……（另见 Ellipsis）

引题 (Lead-in)： 正文或图片注释的开头几个词，一般用反差鲜明的字号或粗度印刷（粗体引题）。文字必须精心撰写，才值得如此招徕眼球。

行间距 (Leading)： 两行文字间增加的空隙（也称 linespacing）。这个词来源于铅字排印的久远年代，那时要在两行之间真正插入一块特定厚度的空铅合金条 (lead alloy)，起到增加行间距的作用。

字母间距 (Letterspacing)： 在字母之间人为插入的空隙。请勿使用，会造成阅读困难。实现的效果是否值得这么做？

版心页面 (Live matter page)： 页面上由边距包围起来的可印刷的区域。

标 识 (Logo)： Logotype 的缩写，源于希腊语 Logos，意为"词语"。原来指任何一个预先排版好的单词，但现在指的是处理成易于辨识的商标形式的出版物名称（又称 nameplate 或 flag）。

小写字母 (Lowercase)： 字母表中小写形态的版本，与大写字母 (CAPITALS) 相对。也称 Minuscules。

大头照 (Mugshot)： 人物的标准证件照。这个词本来是嫌疑犯通缉照的俗称。

Nameplate： 见 Logo。

Numerals： 见 Figures。

倾斜文字 (Oblique)： 向右倾斜模仿意大利斜体的字体。真正的意大利斜体是经过专门设计的，而倾斜文字只是将竖直的"罗马体"机械地拉斜之后的结果。

派卡和点 (Picas and points)： 美式排印度量单位。6 派卡（72 点）等于 1 英寸。欧洲（非公制）单位则是迪多 (Didot) 点制中的西塞罗 (cicero)，1 西塞罗比 1 派卡略微大一些。目前这些混乱的尺寸和命名系统说不定很快就会被电脑每英寸像素的单位需

求一统天下……或者——干脆不要用数字来衡量。把文字打印出来观察，判断字号是否足够大，是否能舒适地阅读。

问号 (Question mark)： 源于拉丁文 QUAESTIO（"我问"），抄写人员为了节省空间，将其缩写为 QO，并将 O 简化成一个圆点，写在形似快速手写 Q 的弯曲笔画下方。

不对齐文字 (Ragged type)： 多行文字的一侧或两侧留有参差而不对齐的边缘。

Ranged left / ranged right： 见 Flush-left / flush-right。

Recto： 右页。（见 Verso）

罗马体 (Roman)： 字形竖直端正的字体，与意大利体

或倾斜体相对。是我们平常阅读时最习惯用的字体。

环绕文字 (Runaround)：将文字环绕着某个插入文字栏的元素的轮廓排版。

行文式 (Run-in)：消除文字元素之间的空隙，允许文字像行文那样连续排版。

栏外标题 (Running head/title)：放在书刊对页左上角的文字，重复该章节的题目。（见 Carry-over line）

网版 (Screen)：呈规律排列的点或直线，由原来的连续色调（如照片）转换而成，从而变成可印刷的素材。眼睛看到黑点点阵图案，会因视错觉而认为这是一种灰度。点越小越疏松，灰度就越浅；点越大越紧密，灰度就越深。白色是 0% 的网点，黑色是 100% 的网点。纸张质量越高，网点的精度就能越高。（见 Halftone）

衬线 (Serif)：字母笔画末端与之交叉的线条。**无衬线体 (Sans serif)** 就是没有衬线的字体（有时称 Gothic）。

侧栏 (Sidebar)：短小独立的文字，有单独的标题，但与主要文章内容相关，和它一同出现，侧栏往往会用边框围起来。

书帖 (Signature)：见 Form。

深潜式 (Sinkage)：页面顶端留出的格外深的上边距，留出充裕的白色空间。

题头 (Slug)：见 Department slug。

小型大写字母 (Smallcaps)：字形和大写字母相同，但字身更小，与小写字母 x 高度齐平的字母。大写字母：CAPITALS，小型大写字母：SMALLCAPS，小写字母：lowercase。

书脊 (Spine)：将多页印刷品装订起来的一侧。书页在书脊处进行折叠和组装。有时称 backbone。书脊的内侧就是中缝 (gutter)。

对页 (Spread)：一本出版物中左右相对的两个页面。不要重复说两页对页 (double-page spread)，就好像把披萨说成披萨馅饼一样。（见 Double truck）

样式 (Styling)：见 Format。

天窗 (TK)：在页面上的空档处放置的提醒标记，预留给还没有定稿的材料。TK 是 to kum 的缩写，这是 to come 故意拼错的版本，防止文字直接付印发布。

墓碑式并排 (Tombstoning)：不小心将页面上并列的元素横排对齐（比如三个左右相邻的文字栏中，小标题恰好处于同一高度），造成不理想的墓碑似的古板效果。

换行文字 (Turnover line)：列表或表格中的第二行文字，通常要缩进。

字形 (Typeface)：见 Font。

统领式标题 (Umbrella headline)：一篇包含多个部分（见 Information unit）的文章的总标题。

下划线 (Underscore)：在一行文字下方画出的直线，需要避免，因为它会干扰到字母的降部，影响字体易认性。

大小写错落风格（标题）(Up-and-Downstyle)：在标题和醒目文字中，每一个实义单词均首字母大写，这是一种过时的做法，阅读起来也比小写风格标题 (Downstyle) 更费力。

大写字母 (Uppercase)：即 CAPITAL letters 或 caps。（在铅字排印时代，小写字母铅字放在下方盒子里，大写字母铅字放在上方盒子里，故有此称。）也称 Majuscules。

左页 (Verso)：左边的页面，或指页面反面。（见 Recto）

字重 (Weight)：字母笔画的相对粗细程度。粗体的笔画更粗更黑，即字重大；细体的笔画相对更浅。

调整词间距 (Wordspacing)：为了让一行文字达到想要的长度，或为了强制与栏宽对齐，在单词之间插入额外的空隙。不推荐此做法：这样的空距不仅不美观，还会打乱阅读的节奏。（见 Justify）

小写字母 x 高度 (x-height)：所有小写字母的主要部分的高度。其底部是字体的基准线，高于 x 高度的是字母的升部，低于基准线的是字体的降部。（见 Ascender）

图书在版编目（CIP）数据

编辑设计 /（美）詹·V. 怀特著；应宁译 . — 上海：
上海人民美术出版社，2019.1（2021.6 重印）
（设计新经典 . 国际艺术与设计学院名师精品课）
书名原文：Editing By Design
ISBN 978-7-5586-1041-7

Ⅰ . ①编⋯ Ⅱ . ①詹⋯ ②应⋯ Ⅲ . ①版式—设计
Ⅳ . ① TS881

中国版本图书馆 CIP 数据核字（2018）第 221789 号

EDITING BY DESIGN: FOR DESIGNERS, ART DIRECTORS,
AND EDITORS--THE CLASSIC GUIDE TO WINNING
READERS By JAN V. WHITE
Copyright: © 1974, 1982, 2003 BY JAN V. WHITE
This edition arranged with JEAN V. NAGGAR LITERARY
AGENCY, INC
through BIG APPLE AGENCY, INC., LABUAN, MALAYSIA.
Simplified Chinese edition copyright:
2019 SHANGHAI PEOPLE'S FINE ARTS PUBLISHING
HOUSE
All rights reserved.
Rights manager: Doris Ding
本书简体中文版由上海人民美术出版社独家出版
版权所有，侵权必究
合同登记号：图字：09-2017-165

设计新经典 · 国际艺术与设计学院名师精品课
编辑设计

著　　者：[美]詹·V. 怀特
译　　者：应　宁
统　　筹：姚宏翔
责任编辑：丁　雯
流程编辑：马永乐
封面设计：张志奇工作室
版式设计：朱庆荧
技术编辑：史　湧
出版发行：上海人民美术出版社
　　　　　（上海长乐路672弄33号 邮编：200040）
印　　刷：上海丽佳制版印刷有限公司
开　　本：889×1194　1/16　印张16.5
版　　次：2019年1月第1版
印　　次：2021年6月第2次
书　　号：ISBN 978-7-5586-1041-7
定　　价：128.00元

译者简介

应宁（Mira Ying），生于上海，毕业于复旦大学翻译系，从事平面设计、字体排印与西文书法研究及翻译，担任视觉文化媒体 Type is Beautiful 编辑工作。译有书籍《当我们阅读时，我们看到了什么》（北京联合出版公司，2015）、《西文书法的艺术》（合译，天津百花文艺出版社，2016）、《西文字体排印五讲》（北京机械工业出版社，2017）。

设计新经典 系列丛书

《平面设计中的网格系统》

扫二维码购买
《日本版式设计原理》

扫二维码购买
《日本主题配色速查手册》

扫二维码购买
《信息图表设计入门》

扫二维码购买
《49个成就平面设计的关键词》

扫二维码购买
《插画设计基础》

扫二维码购买
《设计几何学》

扫二维码购买
《编排设计教程》

扫二维码购买
《网格系统与版式设计》

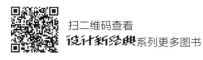
扫二维码查看
设计新经典 系列更多图书

更多图书资讯，
敬请登录www.firstbooks.cn